# ATLAS OF WILDLIFE
# IN SOUTHWEST CHINA

# 中国西南
# 野生动物图谱

昆虫卷（上）　INSECT（I）

朱建国　总主编　买国庆　主编

北京出版集团公司
北京出版社

图书在版编目（CIP）数据

中国西南野生动物图谱．昆虫卷．上 / 朱建国总主
编；买国庆主编．— 北京 ： 北京出版社，2020.3
ISBN 978-7-200-14493-2

Ⅰ．①中… Ⅱ．①朱… ②买… Ⅲ．①昆虫—西南地
区—图谱 Ⅳ．①Q958.527-64

中国版本图书馆 CIP 数据核字（2018）第 262121 号

# 中国西南野生动物图谱 昆虫卷（上）

ZHONGGUO XINAN YESHENG DONGWU TUPU KUNCHONG JUAN

朱建国 总主编

买国庆 主 编

\*

北 京 出 版 集 团 公 司 出版
北 京 出 版 社

（北京北三环中路 6 号）

邮政编码：100120

网 址：www.bph.com.cn

北京出版集团公司总发行
新 华 书 店 经 销
北京华联印刷有限公司印刷

\*

889 毫米 × 1194 毫米 16 开本 29.5 印张 530 千字
2020 年 3 月第 1 版 2020 年 3 月第 1 次印刷

ISBN 978-7-200-14493-2

定价：498.00 元

如有印装质量问题，由本社负责调换

质量监督电话：010-58572393

# 中国西南野生动物图谱

主　　任　季维智（中国科学院院士）

副 主 任　李清霞（北京出版集团有限责任公司）

　　　　　朱建国（中国科学院昆明动物研究所）

编　　委　马晓锋（中国科学院昆明动物研究所）

　　　　　饶定齐（中国科学院昆明动物研究所）

　　　　　买国庆（中国科学院动物研究所）

　　　　　张明霞（中国科学院西双版纳热带植物园）

　　　　　刘　可（北京出版集团有限责任公司）

总 主 编　朱建国

副总主编　马晓锋　饶定齐　买国庆

## 中国西南野生动物图谱　昆虫卷（上）

主　　编　买国庆

摄　　影　买国庆

# 主编简介

**朱建国**，副研究员、硕士生导师。主要从事保护生物学、生态学和生物多样性信息学研究。将动物及相关调查数据与遥感卫星数据等相结合，开展濒危物种保护与对策研究。围绕中国生物多样性保护热点区域、天然林保护工程、退耕还林工程和自然保护区等方面，开展变化驱动力、保护成效、优先保护或优先恢复区域的对策分析等研究。在 *Conservation Biology*、*Biological Conservation* 等杂志上发表研究论文40余篇，是《中国云南野生动物》《中国云南野生鸟类》等6部专著的副主编或编委。建立中国动物多样性网上共享主题数据库20多个。主编中国数字科技馆中的"数字动物馆""湿地——地球之肾馆"以及中国科普博览中的"动物馆"等。

**买国庆**，长期从事野外科学考察工作，有近40年昆虫拍摄和科普创作经验。现为中国摄影家协会会员、中国摄影家协会自然生态摄影专业委员会委员、中国科普作家协会科普摄影专业委员会顾问。多年来在《中国摄影》《中国国家地理》《文明》《知识就是力量》《昆虫知识》等刊物发表摄影作品和科普图文百余篇（幅）；为《中国动物志》《海南森林昆虫》等多部专著拍摄图版百余版。

中国大西南地区泛指西藏、四川、云南、重庆、贵州和广西6省（直辖市、自治区），面积约260万km²，约占我国陆地面积的27%；人口约2.5亿，约为我国人口总数的18%。在这仅占全球陆地面积不到1.7%的区域内，分布有北热带、南亚热带、中亚热带、北亚热带、高原温带、高原亚寒带等气候类型。从世界最高峰到北部湾海岸线，其间分布有全世界最丰富的山地、高原、峡谷、丘陵、盆地、平原、喀斯特、洞穴等各种复杂的自然地形和地貌，以及大小不等的江河、湖泊、湿地等自然水域类型。区域内分布有青藏高原和云贵高原，包括喜马拉雅山脉、藏北高原、藏南谷地、横断山脉、四川盆地、两广丘陵、云南南部谷地和山地丘陵等特殊地貌；有怒江、澜沧江、长江、珠江四大水系以及沿海诸河、地下河水系，还有成百上千的湖泊、水库及湿地。此区域横跨东洋界和古北界两大生物地理分布区，有我国39个世界地质公园中的7个，34个世界生物圈保护区中的11个，13个世界自然遗产地中的8个，57个国际重要湿地中的11个，474个国家级自然保护区中的102个位于此区域。如此复杂多样和独特的气候、地形地貌和水域湿地等，造就了西南地区拥有从热带到亚寒带的多种生态系统类型和丰富的栖息地类型，产生了全球最为丰富和独特的生物多样性。此区域拥有的陆生脊椎动物物种数占我国全部物种数的73%，更有众多特有种仅分布于此。这里还是我国文化多样性最丰富的地区，在我国56个民族中，有36个为此区域的世居民族，不同民族的传统文化和习俗对自然、环境和物种资源的利用都有不同的理念、态度和方式，对自然保护有着深远的影响。这里也是我国社会和经济发展较为落后的区域，在1994年国家认定的全国22个省592个国家级贫困县中，有274个（占46%）在此区域。同时，这里还是发展最为迅速的区域，在2013—2018年这6年间，我国大陆31个省（直辖市、自治区）的GDP增速排名前三的省（直辖市、自治区）基本都出自西南地区。这里一方面拥有丰富、多样而独特的资源本底，另一方面正经历着历史上最快的变化，加上气候变化、外来物种影响等，这一区域的生命支持系统正在遭受前所未有的压力和破坏，同时也受到了国内外的高度关注，在全球36个生物多样性保护热点地区中，我国被列入其中的有3个地区——印缅地区、中国西南山地和喜马拉雅，它们在我国的范围全部位于此区域。

由于独特而显著的区域地质和地理学特征，我国西南地区拥有丰富的动物物种和大量的特有属种，备受全球生物学家、地学家以及社会公众的关注。但因地形地貌复杂、山高林密、交通闭塞、野生动物调查难度大，对此区域野生动物种类、种群、分布和生态等认识依然有差距。近一个世纪以来，特别是在新中国成立后，我国科研工作者为查清动物本底资源，长年累月跋山涉水、栉风沐雨、风餐露宿、不惜血汗，有的甚至献出了宝贵的生命。通过长期系统的调查和研究工作，收集整理了大量的第一手资料，以科学严谨的态度，逐步揭示了我国西南地区动物的基本面貌和演化形成过程。随着科学的不断发展和技术的持续进步，生命科学领域对新理论、新方法、新技术和新手段的探索也从未停止过，人类正从不同层次和不同角度全方位地揭示生命的奥秘，一些传统的基础学科如分类学、生态学的研究方法和手段也在不断进步和发展中。如分子系统学的迅速发展和广泛应用，极大地推动了系统分类学的研究，不断揭示和澄清了生物类群之间的亲缘关系和演化过程。利用红外相机阵列、自动音频记录仪、卫星跟踪器等采集更多的地面和空间数据，通过高通量条形码技术对动物、环境等混合DNA样本进行分子生态学分析，应用遥感和地理信息系统空间分析、物种分布模型、专家模型、种群遗传分析、景观分析等技术，解析物种或种群景观特征、栖息地变化、人类活动变化、气候变化等因素对物种特别是珍稀濒危物种的分布格局、生境需求与生态阈值、生存与繁衍、种群动态、行为适应模式和遗传多样性的影响，对物种及其生境进行长期有效的监测、管理和保护。

　　生命科学以其特有的丰富多彩而成为大众及媒体关注的热点之一，强烈地吸引着社会公众。动物学家和自然摄影师忍受常人难以想象的艰辛，带着对自然的敬畏，拍摄记录了野生动物及其栖息地现状的珍贵影像资料，用影像语言展示生态魅力、生态故事和生态文明建设成果，成为人们了解、认识多姿多彩的野生动物及其栖息地，了解美丽中国丰富多彩的生物多样性的重要途径。本书集中反映了我国几代动物学家对我国西南地区动物物种多样性研究的成果，在分类系统和物种分类方面采纳或采用了国内外的最新研究成果，以图文并茂的方式，系统描绘和展示了我国西南地区约2000种野生动物在自然状态下的真实色彩、生存环境和行为状态，其中很多画面是常人很难亲眼看到的，有许多物种，尤其是本书发表的10余个新种是第一次以彩色照片的形式向世人展露其神秘的真容；由于环境的改变和人为破坏，少数照片因物种趋于濒危或灭绝而愈显珍贵，可能已成为某些物种的"遗照"或孤版。本书兼具科研参考价值和科普价值，对于传播科学知识、提高公众对动物多样性的理解和保护意识，唤起全社会公众对野生动物保护的关注，吸引更多的人投身于野生动物科研和保护都具有重要而特殊的意义。在此，我谨对本丛书的作者和编辑们的努力表示敬意，对他们取得的成果表示祝贺，并希望他们能不断创新，获得更大的成绩。

中国科学院院士

2019年9月于昆明

# 前 言

　　中国大西南地区泛指西藏、四川、云南、重庆、贵州和广西6省（直辖市、自治区），其中广西通常被归于华南地区，本书之所以将其纳入西南地区：一是因为广西与云南、贵州紧密相连，其西北部也是云贵高原的一部分；二是从地形来看，广西地处云贵高原与华南沿海的过渡区，是云南南部热带地区与海南热带地区的过渡带；三是从动物组成来看，广西西部、北部与云南和贵州的物种关系紧密，动物通过珠江水系与贵州、云南进行迁徙和交流，物种区系与传统的西南可视为一个整体。由此6省（直辖市、自治区）组成的西南区域面积约260万km²，约占我国陆地面积的27%；人口约2.5亿，约为我国人口总数的18%。此区域北与新疆、青海、甘肃和陕西互连，东与湖北、湖南和广东相邻，西部与印度、尼泊尔、不丹交界，南部与缅甸、老挝和越南接壤。

## 一、复杂多姿的地形地貌

　　在这片仅占我国陆地面积27%，占全球陆地面积不到1.7%的区域内，有从北热带到高原亚寒带等多种气候类型；从世界最高峰到北部湾的海岸线，其间分布有青藏高原和云贵高原，包括喜马拉雅山脉、藏北高原、藏南谷地、横断山脉、四川盆地、两广丘陵、云南南部谷地和山地丘陵等特殊地貌；境内有怒江、澜沧江、长江、珠江四大水系，沿海诸河以及地下河水系，还有数以千计的湖泊、湿地等自然水域类型。

### 1. 气势恢宏的山脉

　　我国西南地区从西部的青藏高原到东南部的沿海海滨，地形呈梯级式分布，从最高的珠穆朗玛峰一直到海平面，相对高差达8844m。西藏拥有全世界14座最高峰（海拔8000 m以上）中的7座，从北向南主要有昆仑山脉、喀喇昆仑山—唐古拉山脉、冈底斯—念青唐古拉山脉和喜马拉雅山脉。昆仑山脉位于青藏高原北部，全长达2500 km，宽约150 km，主体海拔5500～6000 m，有"亚洲脊柱"之称，是我国永久积雪与现代冰川最集中的地区之一，有大小冰川近千条。喀喇昆仑山脉耸立于青藏高原西北侧，主体海拔6000 m；唐古拉山脉横卧青藏高原中部，主体部分海拔6000 m，相对高差多在500 m，是长江的发源地。冈底斯—念青唐古拉山脉横亘在西藏中部，全长约1600 km，宽约80 km，主体海拔5800～6000 m，超过6000 m的山峰有25座，雪盖面积大，遍布山谷冰川和冰斗冰川。喜马拉雅山脉蜿蜒在青藏高原南缘的中国与印度、尼泊尔交界线附近，被称为"世界屋脊"，由许多平行的山脉组成，其主要部分长2400 km，宽200～300 km，主体海拔在6000 m以上。

横断山脉位于青藏高原之东的四川、云南、西藏三省（自治区）交界，由一系列南北走向的山岭和山谷组成，北部山岭海拔5000 m左右，南部降至4000 m左右，谷地自北向南则明显加深，山岭与河谷的高差达1000～4000 m。在此区域耸立着主体海拔2000～3000 m的苍山、无量山、哀牢山，以及轿子山等。

滇东南的大围山等山脉，海拔高度已降至2000 m左右，与缅甸、老挝、越南交界地区大多都在海拔1000 m以下。云南东北部的乌蒙山最高峰海拔4040 m，至贵州境内海拔降至2900 m，为贵州省最高点；贵州北部有大娄山，南部有苗岭，东北有武陵山，由湖南蜿蜒进入贵州和重庆；重庆地处四川盆地东部，其北部、东部及南部分别有大巴山、巫山、武陵山、大娄山等环绕。广西地处云贵高原东南边缘，位于两广丘陵西部，南临北部湾海面，中部和南部多丘陵平地，呈盆地状，有"广西盆地"之称；广西的山脉分为盆地边缘山脉和盆地内部山脉两类，以海拔800m以上的中山为主，海拔400～800m的低山次之。

### 2. 奔腾咆哮的江河

许多江河源于青藏高原或云南高原。雅鲁藏布江、伊洛瓦底江和怒江为印度洋水系。澜沧江、长江、元江和珠江，加上四川西北部的黄河支流白河、黑河为太平洋水系，分别注入东海、南海或渤海。在西藏还有许多注入本地湖泊的内流河水系；广西南部还有独自注入北部湾的独流水系。

雅鲁藏布江发源于西藏南部喜马拉雅山脉北麓的杰马央宗冰川，由西向东横贯西藏南部，是世界上海拔最高的大河，流经印度、孟加拉国，与恒河相汇后注入孟加拉湾。伊洛瓦底江的东源头在西藏察隅附近，流入云南后称独龙江，向西流入缅甸，与发源于缅甸北部山区的西源头迈立开江汇合后始称伊洛瓦底江；位于云南西部的大盈江、龙川江也是其支流，最后在缅甸注入印度洋的缅甸海。怒江发源于西藏唐古拉山脉吉热格帕峰南麓，流经西藏东部和云南西北部，进入缅甸后称萨尔温江，最后注入印度洋缅甸海。澜沧江发源于我国青海省南部的唐古拉山脉北麓，流经西藏东部、云南，到缅甸后称为湄公河，继续流经老挝、泰国、柬埔寨和越南后注入太平洋南海。长江发源于青藏高原，其干流流经本区的西藏、四川、云南、重庆，最后注入东海，其数百条支流辐辏我国南北，包括本区的贵州和广西。四川西北部的白河、黑河由南向北注入黄河水系。元江发源于云南大理白族自治州巍山彝族回族自治县，并有支流流经广西，进入越南后称红河，最后流入北部湾。南盘江是珠江上游，发源于云南，流经本区的贵州、广西后，由广东流入南海。广西南部地区的独流入海水系指独自注入北部湾的河流。

西南地区的大部分河流山区性特征明显，江河的落差都很大，上游河谷开阔、水流平缓、水量小，中游河谷束放相间、水流湍急；下游河谷深切狭窄、水量大、水力资源丰富。如金沙江的三峡以及怒江有"一滩接一滩，一滩高十丈"和"水无不怒石，山有欲飞峰"之说。有的江河形成壮观的瀑布，如云南的大叠水瀑布、三潭瀑布群、多依河瀑布群，广西的德天瀑布等。我国西南地区被纵横交错、大大小小的江河水系分隔成众多的、差异显著的条块，有利于野生动物生存和繁衍生息。

### 3. 高原珍珠——湖泊与湿地

西藏有上千个星罗棋布的湖泊，其中湖面面积大于1000 km$^2$的有3个，1～1000 km$^2$的有609个；云南有30多个大大小小的与江河相通的湖泊，西藏和云南的湖泊大多为海拔较高的高原湖泊。贵州有31个湖泊，广西主要的湖泊有南湖、榕湖、东湖、灵水、八仙湖、经萝湖、大龙潭、苏关塘和连镜湖等。众多的湖泊和湖周的沼泽深浅不一，有丰富的水生植物和浮游生物，为水禽和湖泊鱼类提供了优良的食物条件和生存环境，这是这一地区物种繁多的重要原因。

## 二、纷繁的动物地理区系

在地球的演变过程中，我国西南地区曾发生过大陆分裂和合并、漂移和碰撞，引发地壳隆升、高原抬升、河流和湖泊形成，以及大气环流改变等各种地质和气候事件。由于印度板块与欧亚板块的碰撞和相对位移，青藏高原、云贵高原抬升，形成了众多巨大的山系和峡谷，并产生了东西坡、山脉高差等自然分隔，既有纬度、经度变化，又有垂直高度变化，引起了气候变化，并导致了植被类型的改变。受植被分化影响，原本可能是连续分布的动物居群在水平方向上（经度、纬度）或垂直方向上（海拔）被分隔开，出现地理隔离和生态隔离现象，动物种群间彼此不能进行"基因"交流，在此情况下，动物面临生存的选择，要么适应新变化，在形态、生理和遗传等方面都发生改变，衍生出新的物种或类群；要么因不能适应新环境而灭绝。

中国在世界动物地理区划中共分为2界、3亚界、7区、19亚区，西南地区涵盖了其中的2界、2亚界、4区、7亚区（表1）。

### 1. 青藏区

青藏区包括西藏、四川西北部高原，分为羌塘高原亚区和青海藏南亚区。

羌塘高原亚区：位于西藏西北部，又称藏北高原或羌塘高原，总体海拔4500~5000 m，每年有半年冰雪封冻期，长冬无夏，植物生长期短，植被多为高山草甸、草原、灌丛和寒漠带，有许多大小不等的湖泊。动物区系贫乏，少数适应高寒条件的种类为优势种。兽类中食肉类的代表是香鼬，数量较多的有野牦牛、藏野驴、藏原羚、藏羚、岩羊、西藏盘羊等有蹄类，啮齿

表1 中国西南动物地理区划

| 界/亚界 | 区 | 亚区 | 动物群 |
|---|---|---|---|
| 古北界/<br>中亚亚界 | 青藏区 | 羌塘高原亚区 | 羌塘高地寒漠动物群 |
| | | | 昆仑高山寒漠动物群 |
| | | | 高原湖盆山地草原、草甸动物群 |
| | | 青海藏南亚区 | 藏南高原谷地灌丛草甸、草原动物群 |
| | | | 青藏高原东部高地森林草原动物群 |
| 东洋界/<br>中印亚界 | 西南区 | 喜马拉雅亚区 | 西部热带山地森林动物群 |
| | | | 察隅—贡山热带山地森林动物群 |
| | | 西南山地亚区 | 东北部亚热带山地森林动物群 |
| | | | 横断山脉热带—亚热带山地森林动物群 |
| | | | 云南高原林灌、农田动物群 |
| | 华中区 | 西部山地高原亚区 | 四川盆地亚热带林灌、农田动物群 |
| | | | 贵州高原亚热带常绿阔叶林灌、农田动物群 |
| | | | 黔桂低山丘陵亚热带林灌、农田动物群 |
| | 华南区 | 闽广沿海亚区 | 沿海低丘地热带农田、林灌动物群 |
| | | | 滇桂丘陵山地热带常绿阔叶林灌、农田动物群 |
| | | 滇南山地亚区 | 滇西南热带—亚热带山地森林动物群 |
| | | | 滇南热带森林动物群 |

类则以高原鼠兔、灰尾兔、喜马拉雅旱獭和其他小型鼠类为主。鸟类代表是地山雀、棕背雪雀、白腰雪雀、藏雪鸡、西藏毛腿沙鸡、漠鹏、红嘴山鸦、黄嘴山鸦、胡兀鹫、岩鸽、雪鸽、黑颈鹤、棕头鸥、斑头雁、赤麻鸭、秋沙鸭和普通燕鸥等。这里几乎没有两栖类，爬行类也只有红尾沙蜥、西藏沙蜥等少数几种。

青海藏南亚区：系西藏昌都地区，喜马拉雅山脉中段、东段的高山带以及北麓的雅鲁藏布江谷地，主体海拔6000m，有大面积的冻原和永久冰雪带，气候干寒，垂直变化明显，除在东南部有高山针叶林外，主要是高山草甸和灌丛。兽类以啮齿类和有蹄类为主，如鼠兔、中华鼢鼠、白唇鹿、马鹿、麝、狍等，猕猴在此达到其分布的最高海拔（3700～4200m）。高山森林和草原中鸟类混杂，有不少喜马拉雅—横断山区鸟类或只见于本亚区局部地区的鸟类，如血雉、白马鸡、环颈雉、红腹角雉、绿尾虹雉、红喉雉鹑、黑头金翅雀、雪鸽、藏雀、朱鹀、藏鸥、黑头噪鸦、灰腹噪鹛、棕草鹛、红腹旋木雀等。爬行类中有青海沙蜥、西藏沙蜥、拉萨岩蜥、喜山岩蜥、拉达克滑蜥、高原蝮、西藏喜山蝮和温泉蛇等，但通常数量稀少。两栖类以高原物种为特色，倭蛙属、齿突蟾属物种为此区域的优势种，常见的还有山溪鲵和几种蟾蜍、异角蟾、湍蛙等。

## 2. 西南区

西南区包括四川西部山区、云贵高原以及西藏东南缘，以高原山地为主体，从北向南逐渐形成高山深谷和山岭纵横、山河并列的横断山系，主体海拔1000～4000m，最高的贡嘎山山峰高达7556m；在云南西部，谷底至山峰的高差可达3000m以上。分为喜马拉雅亚区和西南山地亚区。

喜马拉雅亚区：其中的喜马拉雅山南坡及波密—察隅针叶林带以下的山区自然垂直变化剧烈，植被也随海拔高度变化而呈现梯度变化，有高山灌丛、草甸、寒漠冰雪带(海拔4200m以上)，山地寒温带暗针叶林带(海拔3800～4200m)，山地暖温带针阔叶混交林带(海拔2300～3800m)，山地亚热带常绿阔叶林带(海拔1100～2300m)，低山热带雨林带(海拔1100m以下）；自阔叶林带以下属于热带气候。

藏东南高山区的动物偏重于古北界成分，种类贫乏；低山带以东洋界种类占优势，分布狭窄的土著种较丰富。由于雅鲁藏布江伸入到喜马拉雅山主脉北翼，在大拐弯区形成的水汽通道成为东洋界动物成分向北伸延的豁口，亚热带阔叶林、山地常绿阔叶带以东洋界成分较多，东洋界与古北界成分沿山地暗针叶林上缘相互交错。兽类的代表物种有不丹羚牛、小熊猫、麝、塔尔羊、灰尾兔、灰鼠兔；鸟类的代表有红胸角雉、灰腹角雉、棕尾虹雉、褐喉旋木雀、火尾太阳鸟、绿背山雀、杂色噪鹛、红眉朱雀、红头灰雀等；爬行类有南亚岩蜥、喜山小头蛇、喜山钝头蛇；两栖类以角蟾科和树蛙科物种占优，特有种如喜山蟾蜍、齿突蟾属部分物种和舌突蛙属物种。

西南山地亚区：主要指横断山脉。总体海拔2000～3000m，分属于亚热带湿润气候和热带—亚热带高原型湿润季风气候。植被类型主要有高山草甸、亚高山灌丛草甸（海拔3900～4500m的阴坡），以铁杉、槭和桦为标志的针阔叶混交林—云杉林—冷杉林，亚热带山地常绿阔叶林。横断山区不仅是很多物种的分化演替中心，而且也是北方物种向南扩展、南方物种向北延伸的通道，这种相互渗透的南北区系成分，造就了复杂的动物区系和物种组成。

兽类南方型和北方型交错分布明显，北方种类分布偏高海拔带，南方种类分布偏低海拔带。分布在高山和亚高山的代表性物种有滇金丝猴、黑麝、羚牛、小熊猫、大熊猫、灰颈鼠兔等；猕猴、短尾猴、藏酋猴、西黑冠长臂猿、穿山甲、狼、豺、赤狐、貉、黑熊、大灵猫、小灵猫、果子狸、野猪、赤麂、水鹿、北树鼩。有多种菊头蝠和蹄蝠等广泛分布在本亚区；本亚区还是许多食虫类动物的分布中心。

繁殖鸟和留鸟以喜马拉雅—横断山区的成分比重较大，且很多为特有种；冬候鸟则以北方类型为主。分布于亚高山的有藏雪鸡、黄喉雉鹑、血雉、红胸角雉、红腹角雉、白尾梢虹雉、绿尾虹雉、藏马鸡、白马鸡以及白尾鹞、燕隼等。黑颈长尾雉、白腹锦鸡、环颈雉栖息于常绿阔叶林、针阔叶混交林及落叶林或林缘山坡草灌丛中。绿孔雀主要分布在滇中、滇西的常绿阔叶林、落叶松林针阔叶混交林和稀树草坡环境中。灰鹤、黑颈鹤、黑鹳、白琵鹭、大天鹅，以及鸳鸯、秋沙鸭等多种雁鸭类冬天到本亚区越冬，喜在湖泊周边湿地、沼泽以及农田周边觅食。

两栖和爬行动物几乎全属横断山型，只有少数南方类型在低山带分布，土著种多。爬行类代表有在山溪中生活的平胸龟、云南闭壳龟、中华鳖；在树上、地上生活的丽棘蜥、裸耳龙蜥、云南龙蜥、白唇树蜥；在草丛中生活的昆明龙蜥、山滑蜥；在雪线附近生活的雪山蝮、高原蝮；在土壤中穴居生活的云南两头蛇、白环链蛇、紫灰蛇、颈棱蛇；营半水栖生活的八线腹链蛇，生活在稀树灌丛或农田附近的红脖颈槽蛇、银环蛇、金花蛇、中华珊瑚蛇、眼镜蛇、白头蝰、美姑脊蛇、白唇竹叶青、方花蛇等。我国特有的无尾目4个属均集中分布在横断山区，山溪鲵、贡山齿突蟾、刺胸齿突蟾、胫腺蛙、腹斑倭蛙等生活在海拔3000m以上的地下泉水出口处或附近的水草丛中；大蹼铃蟾、哀牢髭蟾、筠连臭蛙、花棘蛙、棘肛蛙、棕点湍蛙、金江湍蛙等常生活在常绿阔叶林下的小山溪或溪旁潮湿的石块下，或苔藓、地衣覆盖较好的环境中或树洞中。

### 3. 华中区

西南地区只涉及华中区的西部山地高原亚区，主要包括秦岭、淮阳山地、四川盆地、云贵高原东部和南岭山地。地势西高东低，山区海拔一般为500~1500 m，最高可超过3000 m。从北向南分别属于温带—亚热带、湿润—半湿润季风气候和亚热带湿润季风气候。植被以次生阔叶林、针阔叶混交林和灌丛为主。

西部山地高原亚区：北部秦巴山的低山带以华北区动物为主，高山针叶林带以上则以古北界动物为主，南部贵州高原倾向于华南区动物，四川盆地由于天然森林为农耕及次生林灌取代，动物贫乏。典型的林栖动物保留在大巴山、金佛山、梵净山、雷山等山区森林中，如猕猴、藏酋猴、川金丝猴、黔金丝猴、黑叶猴、林麝等；营地栖生活的赤腹松鼠、长吻松鼠、花松鼠为许多地区的优势种；岩栖的岩松鼠是林区常见种；毛冠鹿生活于较偏僻的山区；小麂、赤麂、野猪、帚尾豪猪、北树鼩、三叶蹄蝠、斑林狸、中国鼩猬、华南兔则较能适应次生林灌环境；平原农耕地区常见的是鼠类，如褐家鼠、小家鼠、黑线姬鼠、高山姬鼠、黄胸鼠、针毛鼠或大足鼠、中华竹鼠。本亚区代表性鸟类有灰卷尾、灰背伯劳、噪鹃、大嘴乌鸦、灰头鸦雀、红腹锦鸡、灰胸竹鸡、白领凤鹛、白颊噪鹛等；贵州草海是重要的水禽、涉禽和其他鸟类，如黑颈鹤等的栖息地或越冬地。爬行动物主要有铜蜓蜥、北草蜥、虎斑颈槽蛇、乌华游蛇、黑眉晨蛇、乌梢蛇、王锦蛇、玉斑蛇、紫灰蛇等。本亚区两栖动物以蛙科物种为主，角蟾科次之，是有尾类大鲵属、小鲵属、肥鲵属和拟小鲵属的主要分布区。

## 4. 华南区

本书涉及的华南区大约为北纬25°以南的云南、广西及其沿海地区。以山地、丘陵为主，还分布有平原和山间盆地。除河谷和沿海平原外，海拔多为500～1000 m。是我国的高温多雨区，主要植被是季雨林、山地雨林、竹林，以及次生林、灌丛和草地。可分为闽广沿海亚区和滇南山地亚区。

闽广沿海亚区：在本书范围内系指广西南部，属亚热带湿润季风气候。地形主要是丘陵以及沿河、沿海的冲积平原。本亚区每年冬季有大量来自北方的冬候鸟，是我国冬候鸟种类最多的地区；其他代表性鸟类有褐胸山鹧鸪、棕背伯劳、褐翅鸦鹃、小鸦鹃、叉尾太阳鸟、灰喉山椒鸟等。爬行类与两栖类区系组成整体上是华南区与华中区的共有成分，以热带成分为标志，如爬行类有截趾虎、原尾蜥虎、斑飞蜥、变色树蜥、长鬣蜥、长尾南蜥、鳄蜥、古氏草蜥、黑头剑蛇、金花蛇、泰国圆斑蝰等，两栖类有尖舌浮蛙、花狭口蛙、红吸盘棱皮树蛙、小口拟角蟾、瑶山树蛙、广西拟髭蟾、金秀纤树蛙、广西瘰螈等。

滇南山地亚区：包括云南西部和南部，是横断山脉的南延部分，高山峡谷已和缓，有不少宽谷盆地出现，属于亚热带—热带高原型湿润季风气候。植被类型主要为常绿阔叶季雨林，有些低谷为稀树草原，本亚区与中南半岛毗连，栖息条件优越。

本亚区南部东洋型动物成分丰富，兽类和繁殖鸟中有一些属喜马拉雅—横断山区成分，但冬候鸟则以北方成分为主。一些典型的热带物种，如兽类中的蜂猴、东黑冠长臂猿、亚洲象、鼷鹿，鸟类中的鹦鹉、蛙口夜鹰、犀鸟、阔嘴鸟等，其分布范围大都以本亚区为北限。热带森林中，优越的栖息条件导致动物优势种类现象不明显，在一定的区域环境内，往往栖息着许多习性相似的种类。食物丰富则有利于一些狭食性和专食性动物，如热带森林中嗜食白蚁的穿山甲，专食竹类和山姜子根茎的竹鼠，以果类特别是榕树果实为食的绿鸠、犀鸟、拟啄木鸟、鹎、啄花鸟和太阳鸟等，以及以蜂类为食的蜂虎。我国其他地方普遍存在的动物活动的季节性变化在本亚区并不明显。

兽类有许多适应于热带森林的物种，如林栖的中国毛猬、东黑冠长臂猿、北白颊长臂猿、倭蜂猴、马来熊、大斑灵猫、亚洲象；在雨林中生活，也会到次生林和稀树草坡休息的印度野牛、水鹿；热带丘陵草灌丛中的小鼷鹿；洞栖的蝙蝠类；热带竹林中的竹鼠等。鸟类的热带物种代表之一是大型鸟类，如栖息在大型乔木上的犀鸟，喜在林缘、次生林及水域附近活动的红原鸡、灰孔雀雉、绿孔雀、水雉；中小型代表鸟类有绿皇鸠、山皇鸠、灰林鸽、黄胸织雀、长尾阔嘴鸟、蓝八色鸫、绿胸八色鸫、厚嘴啄花鸟、黄腰太阳鸟等。喜湿的热带爬行动物非常丰富，陆栖型的如凹甲陆龟、锯缘摄龟；在林下山溪或小河中的山瑞鳖，在大型江河中的鼋；喜欢在村舍房屋缝隙或树洞中生活的壁虎科物种；草灌中的长尾南蜥、多线南蜥；树栖的斑飞蜥、过树蛇；穴居的圆鼻巨蜥、伊江巨蜥、蟒蛇；松软土壤里的闪鳞蛇、大盲蛇；喜欢靠近水源的金环蛇、银环蛇、眼镜蛇、丽纹腹链蛇。本区两栖动物繁多，树蛙科和姬蛙科属种尤为丰富。较典型的代表有生活在雨林下山溪附近的版纳鱼螈、滇南臭蛙、版纳大头蛙、勐养湍蛙。树蛙科物种常见于雨林中的树上、林下灌丛、芭蕉林中，有喜欢在静水水域的姬蛙科物种以及虎纹蛙、版纳水蛙、黑斜线水蛙、黑带水蛙，还有体形特别小的圆蟾浮蛙、尖舌

**22**

浮蛙等。

### 三、特点突出的野生动物资源

西南地区由于地理位置特殊、海拔高差巨大、地形地貌复杂，从而形成了从热带直到寒带的多种气候类型，以及相应的复杂而丰富多彩的生境类型，不但让各类动物找到了相适应的环境条件，也孕育了多姿多彩的动物物种多样性和种群结构的特殊性。

#### 1. 物种多样性丰富

我国西南地区的垂直变化从海平面到海拔8844 m，巨大的海拔高差导致了巨大的气候、植被和栖息地类型变化，从常绿阔叶林到冰川冻原，不同海拔高度的生境类型多呈镶嵌式分布，形成了可孕育丰富多彩的野生动物多样性的环境。世界动物地理区划的东洋界和古北界的分界线正好穿过我国西南地区，两界的动物成分在水平方向和海拔垂直高度两个维度上相互交错和渗透。西南地区成为我国乃至全世界在目、科、属、种及亚种各分类阶元分化和数量都最为丰富的区域。从表2可看到，虽然西南地区只占我国陆地面积的27%，但所分布的已知脊椎动物物种数却占了全国的73.4%。

在哺乳动物方面，根据蒋志刚等《中国哺乳动物多样性（第2版）》（2017）和《中国哺乳动物多样性及地理分布》（2015）以及其他文献统计，中国已记录哺乳动物13目56科251属698种；其中有12目43科176属452种分布在西南6省（直辖市、自治区），依次分别占全国的92%、77%、70%和65%。在鸟类方面，根据郑光美等《中国鸟类分类与分布名录（第3版）》（2017）以及其他文献统计，中国已记录鸟类26目109科504属1474种；其中有25目104科450属1182种分布在西南地区，依次分别占

表2  中国西南脊椎动物物种数统计

|  | 哺乳类 | 鸟类 | 爬行类 | 两栖类 | 合计 | 占比(%) |
|---|---|---|---|---|---|---|
| 云南 | 313 | 952 | 215 | 175 | 1655 | 52.0 |
| 四川 | 235 | 690 | 103 | 102 | 1130 | 35.5 |
| 广西 | 151 | 633 | 176 | 112 | 1072 | 33.7 |
| 西藏 | 183 | 619 | 79 | 63 | 944 | 29.6 |
| 贵州 | 153 | 488 | 102 | 86 | 829 | 26.0 |
| 重庆 | 109 | 376 | 41 | 47 | 573 | 18.0 |
| 西南 | 452 | 1182 | 350 | 354 | 2338 | 73.4 |
| 全国 | 698 | 1474 | 505 | 507 | 3184 | / |

全国的96%、95%、89%和80%。在爬行类方面，根据蔡波等《中国爬行纲动物分类厘定》（2015）和其他文献统计，中国爬行动物已有3目30科138属505种，其中2目24科108属350种分布在西南地区，依次分别占全国的67%、80%、78%和69%。在两栖类方面，截止到2019年7月，中国两栖类网站共记录中国两栖动物3目13科61属507种，其中有3目13科51属354种分布在西南地区，依次分别占全国的100%、100%、84%和70%。我国34个省（直辖市、自治区）中，分布于云南、四川和广西的脊椎动物种类是最多的。

## 2. 特有类群多

由于西南地区自然环境复杂，地形差异大，气候和植被类型多样，地理隔离明显，孕育并发展了丰富的动物资源，其中许多是西南地区特有的。在已记录的3184种中国脊椎动物中，在中国境内仅分布于西南地区6省（直辖市、自治区）的有932种（29.3%）。在已记录的786种中国特有种（特有比例24.7%）中，488种（62.1%）在西南地区有分布，其中301种（38.3%）仅分布在西南地区。两栖类的中国特有种比例高达49.5%，并且其中的47.7%仅分布在西南地区（表3）。

表3　中国脊椎动物（未含鱼类）特有种及其在西南地区的分布

| 中国物种数 | 在中国仅分布于西南地区的物种数及百分比（%） | 中国特有种数及百分比（%） | 中国特有种 | |
| --- | --- | --- | --- | --- |
| | | | 在西南地区有分布的物种数及百分比（%） | 仅分布于西南地区的物种数及百分比（%） |
| 哺乳类 698 | 201（28.8） | 154（22.1） | 104（67.5） | 53（34.4） |
| 鸟类 1474 | 316（21.4） | 104（7.1） | 55（59.6） | 10（10.6） |
| 爬行类 505 | 164（32.5） | 174（34.5） | 99（56.9） | 69（39.7） |
| 两栖类 507 | 251（49.5） | 354（69.8） | 230（65.0） | 169（47.7） |
| 合计 3184 | 932（29.3） | 786（24.7） | 488（62.1） | 301（38.3） |

在哺乳类中，长鼻目、攀鼩目、鳞甲目，以及鞘尾蝠科、假吸血蝠科、蹄蝠科、熊科、大熊猫科、小熊猫科、灵猫科、獴科、猫科、猪科、鼷鹿科、刺山鼠科、豪猪科在我国分布的物种全部或主要分布于西南地区；我国灵长目29个物种中的27个、犬科8个物种中的7个都主要分布于西南地区。全球仅在我国西南地区分布的受威胁物种有：黔金丝猴（CR）、贡山麂（CR）、滇金丝猴（EN）、四川毛尾睡鼠（EN）、峨眉鼩鼹（VU）、宽齿鼹（VU）、四川羚牛（VU）、黑鼠兔（VU）。

在鸟类中，蛙口夜鹰科、凤头雨燕科、咬鹃科、犀鸟科、鹦鹉科、八色鸫科、阔嘴鸟科、黄鹂科、翠鸟科、卷尾科、王鹟科、玉鹟科、燕鵙科、钩嘴鵙科、雀鹎科、扇尾莺科、鹩科、河乌科、太平鸟科、叶鹎科、啄花鸟科、花蜜鸟科、织雀科在我国分布的物种全部或主要分布于西南地区。全球仅在我国西南地区分布的受威胁物种有：四川山鹧鸪（EN）、弄岗穗鹛（EN）、暗色鸦雀（VU）、金额雀鹛（VU）、白点噪鹛（VU）、灰胸薮鹛（VU）、滇鳽（VU）。

在爬行类中，裸趾虎属、龙蜥属、攀蜥属、树蜥属、拟树蜥属、喜山腹链蛇属和温泉蛇属在我国分布的物种全部或主要分布在西南地区。全球仅在我国西南地区分布的受威胁物种有：百色闭壳龟（CR）、云南闭壳龟（CR）、四川温泉蛇（CR）、温泉蛇（CR）、香格里拉温泉蛇（CR）、横纹玉斑蛇（EN）、荔波睑虎（EN）、瓦屋山腹链蛇（EN）、墨脱树蜥（VU）、云南两头蛇（VU）。

在两栖类中，拟小鲵属、山溪鲵属、齿蟾属、拟角蟾属、舌突蛙属、小跳蛙属、费树蛙属、小树蛙属、灌树蛙属和棱鼻树蛙属在我国分布的物种全部或主要分布在西南地区。全球仅在我国西南地区分布的极危物种（CR）有：金佛拟小鲵、普雄拟小鲵、呈贡蝾螈、凉北齿蟾、花齿突蟾；濒危物种（EN）有：猫儿山小鲵、宽阔水拟小鲵、水城拟小鲵、织金瘰螈、普雄齿蟾、金顶齿突蟾、木里齿突蟾、峨眉髭蟾、广西拟髭蟾、原髭蟾、高山掌突蟾、抱龙异角蟾、墨脱异角蟾、花棘蛙、双团棘胸蛙、棘肛蛙、峰斑林蛙、老山树蛙、巫溪树蛙、洪佛树蛙、瑶山树蛙；此外还有43个易危物种（VU）。

### 3. 受威胁和受关注物种多

虽然西南地区的动物物种多样性非常丰富，但每个物种的丰富度相差极大，大多数物种的生存环境较为脆弱，种群数量偏少、密度较低。加上近年来人类活动的干扰强度不断加大，栖息地遭到不同程度的破坏而丧失或质量下降，导致部分物种濒危甚至面临灭绝的危险。从表4统计的中国脊椎动物红色名录评估结果来看，我国陆生脊椎动物的受威胁物种（极危+濒危+易危）占全部物种的19.8%，受关注物种（极危+濒危+易危+近危+数据缺乏）占全部物种的45.9%，研究不足或缺乏了解物种（数据缺乏+未评估）占全部物种的19.5%；西南地区与全国的情况相近，无明显差别。从不同类群来看，两栖类的受威胁物种比例最高（35.6%），其次是哺乳类（27.7%）和爬行类（24.3%）。

表4　中国西南脊椎动物（未含鱼类）红色名录评估结果统计

| | 哺乳类 | | 鸟类 | | 爬行类 | | 两栖类 | | 合计 | |
|---|---|---|---|---|---|---|---|---|---|---|
| | 全国 | 西南 | 全国 | 西南 | 全国 | 西南 | 全国 | 西南 | 全国 | 西南 |
| 灭绝（EX） | 0 | 0 | 0 | 0 | 0 | 0 | 1 | 1 | 1 | 1 |
| 野外灭绝（EW） | 3 | 1 | 0 | 0 | 0 | 0 | 0 | 0 | 3 | 1 |
| 地区灭绝（RE） | 3 | 3 | 3 | 1 | 0 | 0 | 1 | 0 | 7 | 4 |
| 极危（CR） | 55 | 37 | 14 | 9 | 35 | 24 | 13 | 7 | 117 | 77 |
| 濒危（EN） | 52 | 36 | 51 | 39 | 37 | 26 | 47 | 30 | 187 | 131 |
| 易危（VU） | 66 | 52 | 80 | 69 | 65 | 35 | 117 | 89 | 328 | 245 |
| 近危（NT） | 150 | 105 | 190 | 159 | 78 | 52 | 76 | 54 | 494 | 370 |
| 无危（LC） | 256 | 155 | 886 | 759 | 177 | 133 | 108 | 79 | 1427 | 1126 |
| 数据缺乏（DD） | 70 | 32 | 150 | 80 | 66 | 45 | 51 | 40 | 337 | 197 |
| 未评估（NE） | 43 | 31 | 100 | 66 | 47 | 35 | 93 | 54 | 283 | 186 |
| 合计 | 698 | 452 | 1474 | 1182 | 505 | 350 | 507 | 354 | 3184 | 2338 |
| 受威胁物种(%)* | 24.8 | 27.7 | 9.8 | 9.9 | 27.1 | 24.3 | 34.9 | 35.6 | 19.8 | 19.4 |
| 受关注物种(%)** | 56.3 | 58.0 | 32.9 | 30.1 | 55.6 | 52.0 | 60.0 | 62.1 | 45.9 | 43.6 |
| 缺乏了解物种(%)*** | 16.2 | 13.9 | 17.0 | 12.4 | 22.4 | 22.9 | 28.4 | 26.6 | 19.5 | 16.4 |

注：* 指极危、濒危和易危物种的合计；** 指极危、濒危、易危、近危和数据缺乏物种的合计；
　　*** 指数据缺乏和未评估物种的合计。

#### 4. 重要的候鸟迁徙通道和越冬地

全球八大鸟类迁徙路线中，有两条贯穿我国西南地区。一是中亚迁徙路线的中段偏东地带，在俄罗斯中西部及西伯利亚西部、蒙古国，以及我国内蒙古东部和中部草原、陕西地区繁殖的候鸟，秋季时飞过大巴山、秦岭等山脉，穿越四川盆地，经云贵高原的横断山脉向南，有些则翻越喜马拉雅山脉、唐古拉山脉、巴颜喀拉山脉和祁连山脉向南，然后在我国青藏高原南部、云贵高原，或南亚次大陆越冬。这条路线要跨越许多海拔5000～8000 m的高山，是全球海拔最高的迁徙线路。二是西亚—东非迁徙路线的中段偏东地带，东起内蒙古和甘肃西部以及新疆大部分地区，沿昆仑山脉向西南进入西亚和中东地区，有些则飞越青藏高原后进入南亚次大陆越冬，还有部分鸟类继续飞跃印度洋至非洲越冬。

我国西南地区不仅是候鸟迁飞的重要通道和中间停歇地，也是许多鸟类的重要越冬地，西南地区记录的41种雁形目鸟类中，有30多种都是每年从北方飞来越冬的冬候鸟。在西藏等地区，除可以看到长途迁徙的大量候鸟外，还有像黑颈鹤那样，春季在青藏高原的高海拔地区繁殖，秋季迁徙到距离不远的低海拔河谷地区避寒越冬的种类，形成独特的区内迁徙。

### 四、生物多样性保护的全球热点

西南地区是我国少数民族的主要聚居地，各民族都有自己悠久的历史和丰富多彩的文化，在不同的生活环境和条件下，不同民族创造并以适合自己的方式繁衍生息。在长期的生活和生产活动中，许多民族逐渐认识并与自然和动物建立了紧密联系，产生了朴素的自然保护意识。如藏族人将鹤类，以及胡兀鹫、秃鹫、高山兀鹫等猛禽奉为"神鸟"；傣族人把孔雀和鹤，阿昌人把白腹锦鸡，白族人把鹤敬为"神鸟"而加以保护。但由于西南地区山高谷深、交通闭塞、生产力低下，直到20世纪中后期，仍有边疆少数民族依靠采集野生植物和猎捕鸟兽来维持生计，野生动物是其食物蛋白的重要来源或重要的治病药材，导致一些动物特别是大型脊椎动物的数量不断下降。特别是在20世纪50年代以后，在经济和社会发展迅速、人口迅猛增加的同时，野生动植物也成为商品而产生了大量交易，西南地区出现了严重的乱砍滥伐和乱捕滥猎等问题，野生动物栖息地不断遭到损毁，野生动物生存空间日益缩小，动物种群数量不断下降，有的甚至遭到了灭顶之灾。如因昆明滇池1969年开始进行"围湖造田"，加上城市污水直排入湖等原因，导致了生活于滇池周边的滇螈因失去产卵场所和湖水严重污染而灭绝。

为此，中国政府自20世纪80年代开始，将生物多样性保护列入了基本国策，签署和加入了一系列国际保护公约，颁布实施了多部法律或法规，将生态系统和生物多样性保护纳入法律体系内。我国西南地区相继有一批重要地点被列入全球或全国的重要保护项目或计划中（表5、表6），从而使这些独特而重要的地点依法、依规得到了保护。特别是在21世纪到来之际，中国在开始实施西部大开发战略的同时，还启动了天然林保护工程、退耕还林工程、野生动植物保护及自然保护区建设工程、长江中上游防护林体系建设工程等多项环境和生物多样性保护的重大工程，西南地区在其中都是建设的重点，并取得了许多重要进展，西南地区生物多样性下降的总体趋势有所减缓，但还未得到完全有效的遏制。西南地区是我国社会和经济发展较为落后的贫困区，但同时也是发展最为迅速的区域，在2013—2018年这6年中，我国大陆31个省（直辖市、自治区）的GDP增速排名前三的省（直辖市、自治区）基本都出自西南地区，伴随而来的是人类活动强度不断增加，自然环境受到的干预和破坏不断加速加重，导致了栖息地退化或丧失、环境污染现象，再加上气候变化、外来物种入侵的影响，这一区域的生命支持系统正在承受着前所未有的压力。例如在2000—2010年，如果我们仅关注林地面积减少（与林地增长分别统计），云南、广西、四川的林地丧失面积分别排在全国第1、2、4位，广西、贵州的年均林地丧失率排名全国第1、3位。

拥有丰富、多样而独特的资源本底，加上正在经历历史上最快速的变化，我国西南地区的环境和生物多样性保护受到了国内外的高度关注，在全球36个生物多样性保护热点地区中，涉及我国的有3个——印缅地区、中国西南山地和喜马拉雅，它们在我国的范围全部都位于西南地区（表5）。我国在西南地区建立了102个国家级自然保护区（表6），约占全国国家级自然保护区总面积的45%。野生动物资源保护事关生态安全和社会经济的可持续发展。我国正从环境付出和资源输出型大国向依靠科技力量保护环境和可持续利用自然资源的发展方式转型。生态文明建设成为国家总体战略布局的重要组成部分，本着尊重自然、顺应自然、保护自然，绿水青山就是金山

表5 中国西南6省（直辖市、自治区）被列入全球重要保护项目或计划的地点

| 类别 | 数量 | | 名称（所属省、直辖市、自治区） |
|---|---|---|---|
| | 全国 | 西南 | |
| 世界文化自然双重遗产 | 4 | 1 | 峨眉山—乐山大佛风景名胜区（四川） |
| 世界自然遗产 | 13 | 8 | 黄龙风景名胜区（四川）、九寨沟风景名胜区（四川）、大熊猫栖息地（四川）、三江并流保护区（云南）、中国南方喀斯特（云南、贵州、重庆、广西）、澄江化石遗址（云南）、中国丹霞（包括贵州赤水、福建泰宁、湖南崀山、广东丹霞山、江西龙虎山、浙江江郎山等6处）、梵净山（贵州） |
| 世界生物圈保护区 | 34 | 11 | 卧龙（四川）、黄龙（四川）、亚丁（四川）、九寨沟（四川）、茂兰（贵州）、梵净山（贵州）、珠穆朗玛（西藏）、高黎贡山（云南）、西双版纳（云南）、山口红树林（广西）、猫儿山（广西） |
| 世界地质公园 | 39 | 7 | 石林（云南）、大理苍山（云南）、织金洞（贵州）、兴文石海（四川）、自贡（四川）、乐业—凤山（广西）、光雾山—诺水河（四川） |
| 国际重要湿地 | 57 | 11 | 大山包（云南）、纳帕海（云南）、拉市海（云南）、碧塔海（云南）、色林错（西藏）、玛旁雍错（西藏）、麦地卡（西藏）、长沙贡玛（四川）、若尔盖（四川）、北仑河口（广西）、山口红树林（广西） |
| 全球生物多样性保护热点地区 | 3 | 3 | 印缅地区（西藏、云南）、中国西南山地（云南、四川）、喜马拉雅（西藏） |

表6　中国西南6省（直辖市、自治区）已建立的国家级自然保护区

| 省(直辖市、自治区) | 数量 | 名称 |
| --- | --- | --- |
| 广西壮族自治区 | 23 | 银竹老山资源冷杉、七冲、邦亮长臂猿、恩城、元宝山、大桂山鳄蜥、崇左白头叶猴、大明山、千家洞、花坪、猫儿山、合浦营盘港—英罗港儒艮、山口红树林、木论、北仑河口、防城金花茶、十万大山、雅长兰科植物、岑王老山、金钟山黑颈长尾雉、九万山、大瑶山、弄岗 |
| 重庆市 | 6 | 五里坡、阴条岭、缙云山、金佛山、大巴山、雪宝山 |
| 四川省 | 32 | 千佛山、栗子坪、小寨子沟、诺水河珍稀水生动物、黑竹沟、格西沟、长江上游珍稀特有鱼类、龙溪—虹口、白水河、攀枝花苏铁、画稿溪、王朗、雪宝顶、米仓山、唐家河、马边大风顶、长宁竹海、老君山、花萼山、蜂桶寨、卧龙、九寨沟、小金四姑娘山、若尔盖湿地、贡嘎山、察青松白唇鹿、长沙贡玛、海子山、亚丁、美姑大风顶、白河、南莫且湿地 |
| 云南省 | 20 | 乌蒙山、云龙天池、元江、轿子山、会泽黑颈鹤、哀牢山、大山包黑颈鹤、药山、无量山、永德大雪山、南滚河、云南大围山、金平分水岭、黄连山、文山、西双版纳、纳板河流域、苍山洱海、高黎贡山、白马雪山 |
| 贵州省 | 10 | 佛顶山、宽阔水、习水中亚热带常绿阔叶林、赤水桫椤、梵净山、麻阳河、威宁草海、雷公山、茂兰、大沙河 |

| 省(直辖市、自治区) | 数量 | 名称 |
|---|---|---|
| 西藏自治区 | 11 | 麦地卡湿地、拉鲁湿地、雅鲁藏布江中游河谷黑颈鹤、类乌齐马鹿、芒康滇金丝猴、珠穆朗玛峰、羌塘、色林错、雅鲁藏布大峡谷、察隅慈巴沟、玛旁雍错湿地 |
| 合计 | 102 | |

注：至2018年，我国有国家级自然保护区474个。

银山的理念，我国正在加紧实施重要生态系统保护和修复重大工程，并在脱贫攻坚战中坚持把生态保护放在优先位置，探索生态脱贫、绿色发展的新路子，让贫困人口从生态建设与修复中得到实惠。面对我国野生动植物资源保护的严峻形势，面对生态文明建设和优化国家生态安全屏障体系的新要求，西南地区野生动物保护工作任重而道远，需要政府、科学家和公众共同携手努力，才能确保野生动植物资源保护不仅能造福当代，还能惠及子孙，为实现中国梦和建设美丽中国做出贡献！

## 五、本书概况

本丛书分为5卷7本，以图文并茂的方式逐一展示和介绍了我国西南地区约2000种有代表性的陆栖脊椎动物和昆虫。每个物种都配有1幅以上精美的原生态图片，介绍或描述了每个物种的分类地位、主要识别特征，濒危或保护等级，重要的生物学习性和生态学特性，有的还涉及物种的研究史、人类利用情况和保护现状与建议等。哺乳动物卷介绍了11目30科76属115

种，为本区域已知物种的26%；鸟类卷（上、下）介绍了云南已知鸟类700余种，为本区域已知物种的64%；爬行动物卷介绍了爬行动物2目22科90属230种，其中有2个属、13种蜥蜴和2种蛇为本书首次发表的新属或新种，为本区域已知物种的66%；两栖动物卷介绍了300余种，为本区域已知物种的91%。以上5卷合计介绍了本区域已知陆栖脊椎动物的60%。昆虫卷（上、下）介绍了西南地区近700种五彩缤纷的昆虫。《前言》部分介绍了造就我国西南地区丰富的物种多样性的自然环境和条件，复杂的动物地理区系，以及本区域野生动物资源的突出特点，强调了地形地貌和气候的复杂性是形成西南地区野生动物多样性和特殊性的主要原因，并对本区域动物多样性保护的重要性进行了简要论述。

　　本书是在国内外众多科技工作者辛勤工作的大量成果基础上编写而成的。本书采用的分类系统为国际或国内分类学家所采用的主流分类系统，反映了国际上分类学、保护生物学等研究的最新成果，具体可参看每一卷的《后记》。本书主创人员中，有的既是动物学家也是动物摄影家。由于珍稀濒危动物大多分布在人迹罕至的荒野，或分布地极其狭窄，或对人类的警戒性较强，还有不少物种人们对其知之甚少，甚至还没有拍到过原生态照片，许多拍摄需在人类无法生存的地点进行长时间追踪或蹲守，因而本书非常难得地展示了许多神秘物种的芳容，如本书发表的13种蜥蜴和2种蛇新种就是首次与大家见面。作为展示我国西南地区博大深邃的动物世界的一个窗口，本书每幅精美的图片记录的只是历史长河中匆匆的一瞬间，但只要用心体会，就可窥探到其暗藏的故事，如动物的行为状态、栖息或活动场所等，从中可以看出动物的喜怒哀乐、栖息环境的大致现状等。我们真诚地希望本书能让更多的公众进一步认识和了解野生动物的美，以及它们的自然价值和社会价值，认识和了解到有越来越多的野生动物正面临着生存的危机和灭绝的风险，唤起人们对野生动物的关爱，激发越来越多的公众主动投身到保护环境、保护生物多样性、保护野生动物的伟大事业中，为珍稀濒危动物的有效保护做贡献。

衷心感谢北京出版集团对本书选题的认可和给予的各种指导与帮助，感谢中国科学院战略性先导科技专项XDA19050201、XDA20050202和XDA23080503对编写人员的资助。我们谨向所有参与本书编写、摄影、编辑和出版的人员表示衷心的感谢，衷心感谢季维智院士对本书编写工作给予的指导并为本书作序。由于编著者学识水平和能力所限，错误和遗漏在所难免，我们诚恳地欢迎广大读者给予批评和指正。

2019年9月于昆明

**《前言》主要参考资料**

【01】 IUCN. The IUCN Red List of Threatened Species. 2019.

Version 2019-1[DB]. https://www.iucnredlist.org.

【02】 蔡波, 王跃招, 陈跃英, 等. 中国爬行纲动物分类厘定[J]. 生物

多样性. 2015, 23(3): 365-382.

【03】 蒋志刚, 江建平, 王跃招, 等. 中国脊椎动物红色名录[J]. 生物

多样性. 2016, 24(5): 500-551.

【04】 蒋志刚, 刘少英, 吴毅, 等. 中国哺乳动物多样性（第2版）[J].

生物多样性. 2017, 25 (8): 886-895.

【05】 蒋志刚, 马勇, 吴毅, 等. 中国哺乳动物多样性及地理分布[M].

北京: 科学出版社, 2015.

【06】 张荣祖. 中国动物地理[M]. 北京: 科学出版社, 1999.

【07】 郑光美主编. 中国鸟类分类与分布名录（第3版）[M]. 北京: 科

学出版社, 2017.

【08】 中国科学院昆明动物研究所. 中国两栖类信息系统[DB].

2019.http://www.amphibiachina.org.

# 目录

**39**

**40**

双尾目
**DIPLURA**

# 铗虮
Japygidae

　　成虫体长10～40 mm。触角念珠状，第4～6节上有感觉毛，端节有6个板状感觉器。胸气门4对；跗节1节，有2～3个爪。腹部刺突无端毛，第1腹板上有1对可伸缩的囊泡，第1～7节有气孔，第8～10节完全几丁质化；尾须单节钳形。常见于石头或大树下腐殖质丰富的土中。怕光，取食腐殖质、菌类或微小的动物。

铗虮科　Japygidae
拍摄地点：贵州省遵义市习水县三岔河乡
拍摄时间：2000年5月31日

石蛃目
# ARCHAEOGNATHA

53

# 石蛃
*Haslundiuhllus hedini*

　　小型无翅昆虫，虫体近纺锤形。成虫体色多为棕褐色。胸部较粗，而背侧拱起，向后渐细。后足长有针突，这是其区别于衣鱼的主要特征。具有跳跃能力。主要生活在阴暗潮湿处，如苔藓和地衣上、石缝中、石块下、森林的枯枝落叶下、洞穴里等。在我国属广泛分布种。

石蛃科　Machilidae
拍摄地点：甘肃省兰州市永登县
拍摄时间：1991年7月30日

# 衣鱼目
# ZYGENTOMA

# 衣鱼
Lepismatidae

　　衣鱼目是比较原始的小型昆虫，俗称衣鱼、家衣鱼。身体细长而扁平，长有银灰色细鳞。触角长丝状。口器咀嚼式。喜温暖环境，多数夜间活动，生活在朽木、落叶以及土壤之中。有些生活于人类居室中的种类，可对书籍、衣物等造成危害。衣鱼通常以"断尾逃生"的方法逃避天敌捕食。在我国分布广泛。

衣鱼科　Lepismatidae
拍摄地点：四川省雅安市宝兴县硗碛寨
拍摄时间：2003年8月21日

**58**

# 多毛栉衣鱼
*Ctenolepisma villosa*

体长10～12 mm。头大，体表密被银色鳞片。无单眼，具复眼，两复眼左右远离。头部、胸部和腹部边缘具棘状毛束。腹部第1节背面具梳状毛3对，腹面具梳状毛2对。在我国分布于贵州、四川、云南、浙江、福建、江苏、河南、湖南等地。

衣鱼科 Lepismatidae
拍摄地点：贵州省遵义市习水县三岔河乡
拍摄时间：2000年5月31日

蜉蝣目
# EPHEMEROPTERA

# 蜉蝣
## Ephemeroptera

　　蜉蝣目昆虫起源于石炭纪，距今已有2亿年的历史，是最原始的有翅昆虫。体形细长、体壁柔软。复眼发达，单眼3个。触角短，刚毛状。翅膜质，翅脉网状。前翅很大，三角形；后翅退化，明显小于前翅。腹部末端两侧着生1对长的丝状尾须，一些种类还有1根长的中尾丝。主要分布在热带至温带地区，生活于各种各样的淡水栖息地。成虫常在溪流、湖滩附近活动。水生的稚虫要经历10～50次蜕皮才能进入蜉蝣特有的陆生、有翅的亚成虫阶段。亚成虫再经过蜕皮后成为成虫。亚成虫及成虫寿命极短，多则几天，少则几小时，它们几乎将所有的精力都用于求偶、交配等生殖活动。故有蜉蝣"朝生暮死"之说。根据其对水域的适应与要求的特殊性，可用于检测水域的类型和监测污染程度。

蜉蝣总科　Ephemeroidea
拍摄地点：重庆市酉阳土家族苗族自治县青华林场
拍摄时间：1989年7月16日

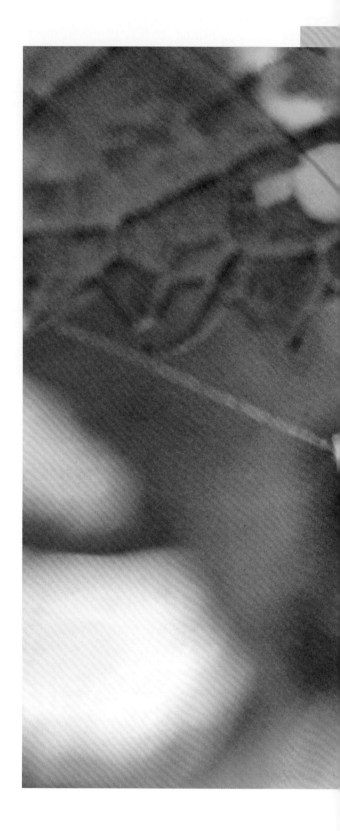

## 细裳蜉
*Leptophlebia* sp.

　　身体中型，细长，体壁柔软，薄而有光泽。复眼发达，单眼3个；触角短，刚毛状；口器咀嚼式，但上下颚退化，没有咀嚼能力。翅膜质，前翅很大，三角形；后翅退化，小于前翅，有的甚至无后翅；翅脉原始，呈网状，休息时竖立在身体背面；雄虫前足延长，利于在飞行中抓住雌虫。尾须线状，中尾丝有或无。

细裳蜉科　Leptophlebiidae
拍摄地点：云南省保山市腾冲市大蒿坪
拍摄时间：1992年5月26日

**64**

# 中国扁蜉
*Heptagenia chinensis*

      成虫体长约10 mm。复眼上青灰色、下褐色；前胸赭褐色，中、后胸淡赭褐色，翅无色透明，但亚成虫的翅面显暗，前足腿节深棕色；腹部褐色，尾丝褐色具黑色环纹，约为体长的2倍。在我国分布于贵州、北京等地。

扁蜉科　Heptageniidae
拍摄地点：贵州省赤水市葫市镇金沙沟国家级桫椤自然保护区
拍摄时间：2000年6月2日

# 蜻蜓目
# ODONATA

# 黄面蜓
*Aeschna ornithocephala*

　　复眼在头背有很长一段相接触，额顶中央具黑色的"T"形斑，上唇黄色，没有黑色前缘，下唇中叶稍凹裂。翅透明，前后翅三角室形状相似，有2条粗的结前横脉；2条弓分脉发自弓脉下部，基室有横脉。在我国分布于重庆、四川等地。

蜓科　Aeshnidae
世界自然保护联盟（IUCN）评估等级：无危（LC）
拍摄地点：重庆市武隆区火炉镇
拍摄时间：1989年7月7日

# 巨圆臀大蜓
## *Anotogaster sieboldii*

雄虫腹长约70 mm，后翅长约57 mm；雌虫腹长约85 mm，后翅长约65 mm。合胸黑色，被淡黄色细毛，背前方具1对黄色折线斑纹。翅透明，翅痣黑色。足除基节有黄斑外，均为黑色。腹部黑色，第2~8节每节前半部有黄色环状斑纹环绕，其背面除第2腹节完整外，其他均被很窄的黑色背中隆脊隔断，其下端则向前下方弯曲。在我国分布于贵州、湖北、安徽、福建、广东、江苏、江西、浙江、台湾等地。

大蜓科　Cordulegastridae
拍摄地点：湖北省恩施土家族苗族自治州利川市
拍摄时间：1989年7月29日

**69**

# 黑异色灰蜻
*Orthetrum melania*

　　腹长（包括肛附器）约36 mm，后翅展约40 mm；体表整体被灰白色霜。头部整体除下唇淡黄色外呈黑色，触角黑色。前胸黑褐色；翅透明；足黑色，具短尖刺。腹部末端3节黑色；肛附器黑色。在我国分布于贵州、广西、四川、云南、北京、浙江、福建、湖北等地。

蜻科　Libellulidae
世界自然保护联盟（IUCN）评估等级：无危（LC）
拍摄地点：贵州省遵义市绥阳县宽阔水国家级自然保护区
拍摄时间：2010年8月15日

**70**

# 红蜻
## *Crocothemis servilia*

　　雄虫腹长约30 mm，后翅长约35 mm；雌虫腹长约29 mm，后翅长约36 mm。头部红色，后头褐色。胸部红色，气门向后伸出一条褐色线纹，连接第3侧缝线；翅透明，翅痣黄色。腹部红色。在我国分布于贵州、广西、云南、河北、江苏、福建、江西、浙江、广东等地。

蜻科　Libellulidae
世界自然保护联盟（IUCN）评估等级：无危（LC）
拍摄地点：贵州省遵义市绥阳县宽阔水国家级自然保护区
拍摄时间：2010年8月17日

**71**

# 竖眉赤蜻
*Sympetrum eroticum ardens*

　　雄性腹长约27 mm，后翅长约31 mm。头部黄色，前额上方具2枚明显的黑色圆形眉斑。后胸背面黑色，背条纹黄色，侧面黄色，第1条纹黑色，第2条纹在气门处残存一小段，第3条纹狭窄；翅透明，翅痣赤黄色。腹部红色，第4～8节具黑色斑；肛附器赤黄色。在我国分布于贵州、四川、云南、浙江、河北、福建、江西等地。

蜻科　Libellulidae
世界自然保护联盟（IUCN）评估等级：无危（LC）
拍摄地点：贵州省遵义市绥阳县宽阔水国家级自然保护区
拍摄时间：2010年8月10日

# 网脉蜻
## Neurothemis fulvia

　　成虫腹长约23 mm，后翅长约30 mm，体色为褐色。头顶及后头褐色，周围赤褐色。前胸无毛，合胸背前方红褐色，有黑色短毛；翅端透明，亚前缘室有一黑色条纹，其余红褐色，翅痣长且呈赤黄色，翅脉密如网状；足为黄褐色，有黑刺。在我国分布于云南、海南、福建、广东等地。

蜻科　Libellulidae
世界自然保护联盟（IUCN）评估等级：无危（LC）
拍摄地点：云南省德宏傣族景颇族自治州瑞丽市畹町镇
拍摄时间：1992年6月11日

# 线痣灰蜻
*Orthetrum lineostigmum*

成虫腹长29～32 mm，后翅长32～35 mm。头部颜面黄白色，雄虫全身蓝灰色，雌虫体色深黄，合胸背前方褐色，侧面后方有1条黑纹，腹部黄色，侧缘具黑斑，雌、雄的翅痣皆为黑黄双色，翅端稍具褐色。在我国分布于云南、北京、河北、山西、河南、湖北、甘肃等地。

蜻科 Libellulidae
世界自然保护联盟（IUCN）评估等级：无危（LC）
拍摄地点：云南省保山市腾冲市猴桥镇黑泥塘
拍摄时间：1992年5月31日

## 晓褐蜻
*Trithemis aurora*

    雄虫腹长约24 mm，后翅长约30 mm；雌虫腹长约22 mm，后翅长约30 mm。头部前唇基褐色，后唇基及额区红色。前胸黑褐色；合胸背前方赤褐色，侧面有黑色条纹；翅透明，前、后翅翅基有黄褐色斑，类似红蜻，但中肋有角度，翅痣前的横脉不强烈倾斜，结前脉超过10条；足的转节及前足腿节下侧、胫节上侧黄色，其余皆为黑色。腹部为赤褐色，有黑色斑纹。在我国分布于云南、广西、湖北、湖南、广东、海南、台湾等地。

蜻科 Libellulidae
世界自然保护联盟（IUCN）评估等级：无危（LC）
拍摄地点：云南省德宏傣族景颇族自治州瑞丽市畹町镇
拍摄时间：1992年6月11日

# 捷尾螅
*Paracercion v-nigrum*

　　成虫腹长约23 mm，后翅长约16 mm。雄虫具蓝色圆形单眼，后具色斑。前胸背板褐色，两侧缘淡蓝色；合胸背前方黑色，具蓝色条纹，两侧蓝色；足淡黄色，具黑褐色短刺，股节外侧黑色，胫节内侧具黑色条纹；翅透明，翅痣褐色。腹部蓝色，具黑斑。在我国分布于贵州、四川、北京、河北、江苏等地。

螅科　Coenagrionidae
世界自然保护联盟（IUCN）评估等级：无危（LC）
拍摄地点：贵州省遵义市绥阳县宽阔水国家级自然保护区
拍摄时间：2010年8月15日

# 巨齿尾溪蟌
## *Bayadera melanopteryx*

　　雄性腹长约38 mm，后翅展约29 mm；体表黑色具黄色斑，常被霜。头部下唇黄色，中央黑色，面部整体黑色具蓝色斑，触角大部分黑色。前胸黑色，背板具黄色斑，合胸整体亮黑色，肩前条纹黄色，侧下方具黄色条纹；翅透明，端部2/3黑褐色；足黑色，具细长刺。腹部整体亮黑色；肛附器黑色。老熟雄性体表常被灰白色霜。在我国分布于贵州、四川、广西、安徽、浙江、福建、山西、湖北、广东等地。

溪蟌科　Euphaeidae
世界自然保护联盟（IUCN）评估等级：无危（LC）
拍摄地点：贵州省遵义市绥阳县宽阔水国家级自然保护区
拍摄时间：2010年8月12日

# 亮闪色蟌
*Caliphaea nitens*

  头部上唇和唇基铜绿色，具金属光泽；头其余部分暗铜绿色。胸部铜绿色，侧面后胸后侧片黄色，翅透明，足黑色。腹部铜绿色，第8～10节背面有白色粉被；肛附器黑色。

色蟌科　Calopterygidae
世界自然保护联盟（IUCN）评估等级：无危（LC）
拍摄地点：贵州省遵义市绥阳县宽阔水国家级自然保护区
拍摄时间：2010年8月13日

**78**

# 透顶单脉色蟌
*Matrona basilaris*

　　腹长（包括肛附器）约55 mm，后翅展约40 mm；体表金属蓝色。头部整体除下唇淡黄色外，呈金属绿色光泽，触角大部分黑色。前胸背板金属绿色光泽，侧面具淡黄色斑块，合胸整体金属绿色光泽，侧下方具淡黄色条纹；翅黑色具蓝色闪光；足暗褐色，具长刺。腹部整体具金属光泽，绿色略带蓝色；肛附器黑色，腹面具黄色斑。在我国分布于除东北和西北以外的其他地区。

色蟌科　Calopterygidae
世界自然保护联盟（IUCN）评估等级：无危（LC）
拍摄地点：贵州省遵义市绥阳县宽阔水国家级自然保护区
拍摄时间：2010年8月14日

# 襀翅目
# PLECOPTERA

# 渍翅虫
## Plecoptera

　　也叫石蝇，体软，略扁平。是一类较古老的原始昆虫。成虫体中小型，身体柔软，细长而又扁平。头宽阔，复眼发达，单眼3个；触角长丝状，多节。前胸方形，可以活动；翅膜质，休息时平折在身体背面。半变态，小型种类一年一代，大型种类3~4年一代。成虫多数不取食，稚虫生活在水中，以水中的蚊类幼虫或其他水生小动物以及植物碎屑为食。它是淡水生物食物链中的重要环节，对维持水生生态平衡和水体净化具有一定的作用，是目前国际流行的用于水质监测的水生昆虫之一。

渍科　Plecoptera
拍摄地点：云南省文山壮族苗族自治州麻栗坡县天保镇
拍摄时间：2018年4月23日

蜚蠊目
# BLATTODEA

# 德国姬蠊
*Blattella germanica*

　　体淡褐色。头小。前胸背板宽大，略扁平，中部有2条黑色纵
斑；足侧扁，各足腿节背面有一深褐色条纹，中、后足腿节腹面多
刺。成虫善疾走，很少飞翔。食性杂。分布于世界各地。

姬蠊科　Blattellidae
拍摄地点：重庆市武隆区火炉镇
拍摄时间：1989年7月10日

*86*

# 蜚蠊
## Blattidae

　　俗称蟑螂，体阔而扁。口器咀嚼式；触角线状，很长。前胸很大，盖住头部；有翅种类的前翅革质，成复翅，后翅膜质，臀区很大；足长，善于步行。常有臭腺能散发臭味。

蜚蠊科　Blattidae
拍摄地点：贵州省遵义市绥阳县宽阔水国家级自然保护区
拍摄时间：2010年8月16日

**87**

# 螳螂目
# MANTODEA

## 缺色小丝螳
### *Lepomantella albella*

　　前胸背板在横沟处稍宽，多向两侧扩展，中纵脊棕红色；前胸背板和前足转节基部外侧缺黑斑。翅淡绿色并透明，前缘区有整齐的淡色斑列。前足腿节具4枚外列刺，第1和第2刺之间有较明显的凹窝。在我国分布于云南、海南等地。

螳科　Mantidae
拍摄地点：云南省德宏傣族景颇族自治州瑞丽市
拍摄时间：1992年6月9日

**90**

# 艳眼斑花螳
*Creobroter urbana*

　　头顶略隆起；单眼后方锥状突起，复眼锥状。前胸背板棕褐色，明显短于前足基节；前翅长不超过30 mm。雄性后翅基部有较浅的玫瑰红色，臀域部分短，有烟色斑；雌性前眼斑两侧的黑带较粗，后翅前缘域及中域为较深的玫瑰红色。在我国分布于云南、广西、广东、海南等地。

花螳科 Hymenopodidae
拍摄地点：云南省德宏傣族景颇族自治州瑞丽市
拍摄时间：1992年6月9日

# 中华大刀螳螂
*Tenodera sinensis*

　　体形较大。前胸背板相对较宽，沟后区与前足基节长度之差约是前胸背板的0.3～1.0倍（雄性约为1倍，雌性约为0.3～0.6倍）。前足基节长，下缘生有钝齿，前腿处列齿4个，刺的先端黑褐色，后腿生有1端刺。前翅前缘区浅绿色。雄虫有1对腹刺。主要捕食各种昆虫。在我国分布广泛。

螳科　Mantidae
拍摄地点：北京市海淀区
拍摄时间：1991年8月

## 拟皇冠花螳
*Hymenopus coronatoides*

　　中大型种类，体色粉白很容易识别，复眼锥形，前胸短宽，中后足股节均具半圆形扩展。若虫拟态花朵形状，甚为美丽。在我国分布于云南等地。

花螳科 Hymenopodidae
拍摄地点：北京市
拍摄时间：2018年2月7日

**94**

# 革翅目
# DERMAPTERA

## 扁颅蝮
*Challia fletcheri*

　　体色为亮黑褐色。头部扁平，后缘平直。前胸近方
形，前半部有一半圆形黑斑；前翅臀角圆形；小盾片外
露；胸节通常侧扁。肛上板垂直，不能活动；尾铗基部
粗，端半部强烈弯曲。分布于我国南部地区。

大尾蝮科　Pygidicramidae
拍摄地点：重庆市彭水苗族土家族自治县太原镇
拍摄时间：1989年7月10日

## 巨臀异球螋
### *Allodablia macropyga*

　　体暗褐色，有色斑。前胸背板近方形，平滑；鞘翅基部有赤色斑，后翅鱼鳞状，基部有半圆形赤色斑。腹部末端数节背板有赤褐色光泽；尾铗波曲，基部强烈向外侧弯曲成一定角度，两侧向后伸，内缘有2个刺突，在刺突处内陷。杂食性，栖息于树皮下、草丛中等隐蔽处，善于在夜间活动。在我国分布于云南等地。

球螋科　Forficulidae
拍摄地点：云南省保山市腾冲市猴桥镇
拍摄时间：1992年6月1日

100

# 异球螋
*Allodablia scabruscula*

体宽大，暗褐色。触角13节，末端2～3节黄色。前胸背板短宽，半圆形，前侧角尖向上翘；鞘翅全长有缘脊，后缘中央微凹，背面平；后翅短小，内侧角黄色。腹部较膨阔，3～4节背板两侧各有1个瘤突；尾铗长、大，基部强烈向外侧弯曲，两侧向后斜弯，后端内缘1/3处各有1个刺突。杂食性，栖息于树皮下、草丛中等隐蔽处，善于在夜间活动。在我国分布于四川、云南、西藏、湖北、湖南、台湾等地。

球螋科 Forficulidae
拍摄地点：湖北省恩施土家族苗族自治州利川市星斗山
拍摄时间：1989年7月23日

# 直翅目
# ORTHOPTERA

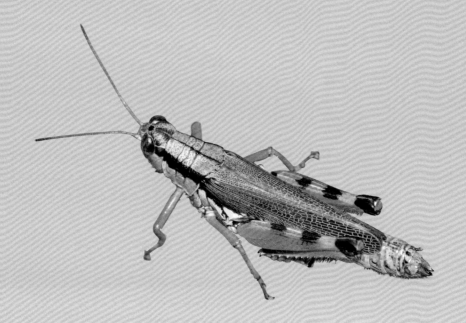

# 条螽
*Ducetia* sp.

体纺锤形的中大型种类，头顶十分尖锐，触角窝边缘不显著突出。体绿色或褐色，前胸两侧常具暗色条纹。雄性前翅具发音器，前足胫节内、外侧听器均为封闭型，裂缝状。产剑状卵瓣。

露螽亚科　Phaneropterinae
拍摄地点：广西壮族自治区崇左市
拍摄时间：2014年9月19日

# 陈氏掩耳螽
## *Elimaea cheni*

　　体形中等，淡绿色或黄褐色。头顶、前胸背板及前复翅后缘密被黑色或深褐色刻点；复眼褐色；触角深褐色，相隔几节就有1个单色环纹。前胸背板中线粉红色；腿节背面具黑色的细毛、胫节深棕色。在我国分布于四川、贵州、湖北、湖南等地。

露螽亚科　Phaneropterinae
拍摄地点：四川省雅安市宝兴县蜂桶寨国家级自然保护区
拍摄时间：2003年8月15日

# 华绿螽
*Sinochlora* sp.

　　体大型，深叶绿色。触角细长超过前复翅的端部；头部背面光滑，头顶角低，侧扁，向颜面突出，背面具沟。前胸背板近圆柱形，不具侧隆线，后缘圆；前复翅长，远超出后足腿节端部，C脉白色，前面钳有黑缘；前足基节具大刺，前、中、后腿节均有数目不同的刺。

露螽亚科　Phaneropterinae
拍摄地点：云南省红河哈尼族彝族自治州屏边苗族自治县大围山
拍摄时间：2013年8月17日

**106**

# 连音仰螽
*Ectadia diuturna*

　　颜面微前倾，头顶角三角形，头顶平；复眼卵圆形，突出；触角细，易折。前胸背板背面光滑，不具侧隆线，侧叶长明显大于高；前足基节不具刺，前足胫节听器内外均为关闭型，各足腿节腹面均具刺；前后翅均完全发育，前复翅远超出后足腿节的端部。在我国分布于云南、广西等地。

露螽亚科　Phaneropterinae
拍摄地点：云南省红河哈尼族彝族自治州屏边苗族自治县大围山
拍摄时间：2013年8月15日

# 凸翅糙颈螽
*Ruidocollaris convexipennis*

　　体色黄绿。头部背面圆凸，头顶侧扁；复眼卵圆形，突出；颜面具明显的粗刻点；触角较粗且长。前胸背板具刻点，后缘呈圆形突出，侧叶高明显大于长，肩凹明显；前足基节和腿节腹面内缘、中足腿节腹面外缘、后足腿节腹面内外缘均具刺；前后翅发育完全，后翅略长于前复翅，前复翅远超过后足腿节端部。在我国分布于云南、广西、四川、西藏、山西、安徽、浙江、湖北、江西、湖南、福建、广东等地。

露螽亚科　Phaneropterinae
拍摄地点：四川省雅安市宝兴县蜂桶寨国家级自然保护区
拍摄时间：2003年8月15日

**108**

# 日本似织螽
*Hexacentrus japonicus*

　　体黄绿色。头部背面淡褐色，头顶狭，稍向前突出；复眼近球形，显著向前突出。前胸背板具1对刺，背面具褐色纵纹，侧缘镶黑边；足股节刺、距和爪的端部褐色或黄褐色；前足基节具1根刺；雄性前翅较长，端部钝圆，雌性前翅较狭，翅端钝圆。在我国分布于云南、贵州、重庆、四川、上海、安徽、福建、山东、河南、湖北、湖南等地。

似织螽亚科　Hexacentrinae
拍摄地点：云南省红河哈尼族彝族自治州金平苗族瑶族傣族自治县
拍摄时间：2013年8月20日

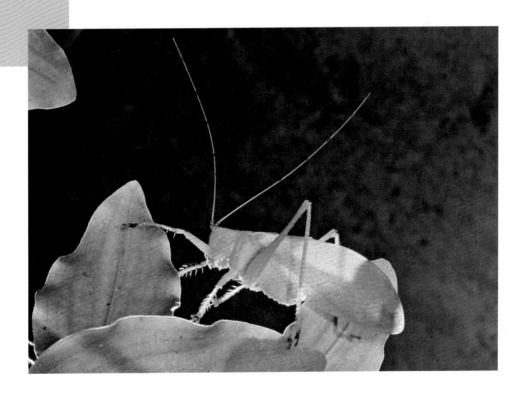

# 长翅纺织娘
*Mecopoda elongata*

　　雄虫体长约31 mm，雌虫体长31～38 mm；体通常为绿色或淡褐色。头较短，颜面垂直。前胸背板侧片上部黑色，后缘圆形；前翅常为绿色或褐色，有时有不明显的淡色斑，雌虫常具有大的黑斑或淡色斑，雄虫前翅狭长，明显超过后足股节端部，端部斜截状，发音器约占前翅长的1/3。雌虫产卵瓣较长，端半部向上弯曲。常见于农田或林地环境，善鸣，是常见的鸣虫。在我国分布于云南、广西、四川、安徽、福建、河南、江苏、江西、上海、浙江等地。

纺织娘科　Mecopodidae
拍摄地点：云南省红河哈尼族彝族自治州金平苗族瑶族傣族自治县
拍摄时间：2013年8月22日

# 日本纺织娘
*Mecopoda niponensis*

　　体大型，粗壮，具刻点，体长26～34 mm。体绿色，有的个体褐色。头短、头顶极宽，约为触角第1节宽的3倍，颜面近于垂直；复眼相对较小、卵圆形。前胸背板背面较平坦，3条横沟明显，雄性前胸背板侧片上部黑褐色；前翅散布一些黑色或褐色斑，前翅稍超过后足股节末端，雄性前翅较宽，长不及宽的3.5倍，后翅短于前翅。在我国分布于云南、贵州、四川、重庆、广西、江西、湖南、福建、安徽、江苏、浙江、上海、陕西等地。

纺织娘科　Mecopodidae
拍摄地点：云南省红河哈尼族彝族自治州金平苗族瑶族傣族自治县
拍摄时间：2013年8月20日

## 突灶螽
*Diestrammena japonica*

又称灶马。无翅，靠腿部摩擦发声。一年四季都可见到，常出没于灶台与杂物堆的缝隙中，以剩菜、植物及小型昆虫为食。分布于世界各地。

穴螽科　Rhaphidophoridae
拍摄地点：贵州省遵义市绥阳县宽阔水国家级自然保护区
拍摄时间：2010年8月12日

**112**

# 大青脊竹蝗
*Ceracris nigricornis laeta*

　　体形较大，体色绿色。头顶较突出，呈锐角形；触角细长，中段一节长度约为宽度的4.4倍；复眼纵径为横径的1.4倍，复眼后具黑色眼后带。前胸背板侧隆线全长明显；前翅发达，超过后足股节顶端很远。在我国分布于贵州、四川、云南、浙江、江西、湖南、福建、广东、海南、台湾等地。

网翅蝗科　Arcypteridae
拍摄地点：贵州省遵义市绥阳县宽阔水国家级自然保护区
拍摄时间：2010年8月17日

# 腹露蝗
*Fruhstorferiola* sp.

    体中型。前胸背板无侧隆线，沟前区大于沟后区；前翅发达，超过后足股节顶端；后足股节下膝侧片顶圆形。雄性腹部末节背板具尾片；尾须宽扁，顶端扩大；雌性下生殖板后缘具突出的齿数个。在我国分布于贵州等地。

斑腿蝗科　Catantopidae
拍摄地点：贵州省遵义市绥阳县宽阔水国家级自然保护区
拍摄时间：2010年8月16日

**114**

# 非洲蝼蛄
*Gryllotalpa africana*

　　典型的土栖昆虫，躯体结构适于在土中生活。触角短于身体。前足胫节有4齿，为开掘足，适于掘土；听器位于前足胫节上，呈裂缝状；跗节3节；覆翅较短，后翅宽而柔软，卷折伸出腹端。尾须较长；雌虫无明显的产卵器。

蝼蛄科　Gryllotalpidae
拍摄地点：贵州省铜仁市梵净山
拍摄时间：2002年6月1日

竹节虫目
# PHASMATODEA

# 短棒竹节虫
*Ramulus* sp.

　　雌雄异型，体长80~100 mm，雌虫略长于雄虫。雌虫圆筒形，绿色或褐色，触角短；雄虫黑色，具白色线条，足大部分为橙色。是我国最主要的竹节虫类群，种类繁多，种间形态接近，不易鉴别，尤其是雄虫。取食青冈等多种植物。在我国分布于贵州、四川等地。

蜻科　Phasmatidae
拍摄地点：贵州省遵义市绥阳县宽阔水国家级自然保护区
拍摄时间：2010年8月15日

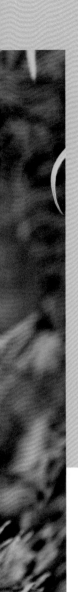

# 短肛䗛
*Baculum* sp.

　　中型竹节虫，体长80～130 mm。雌雄异型，雄性为雌性的2/3；体形杆状，体表光滑。无翅。触角分节明显，常短于前足股节。头和胸黄褐色，头宽卵形。西南地区多发现于路边的青冈树上，较为常见。

䗛科　Phasmatidae
拍摄地点：贵州省遵义市绥阳县宽阔水国家级自然保护区
拍摄时间：2010年8月17日

**119**

# 介竹节虫
*Interphasma* sp.

　　体长50～55 mm，无翅种类。雌虫较粗壮，身体多颗粒，并有从灰白至深褐色的多种色型和斑纹；雄虫基本光滑，较雌虫更细，长度也略小于雌虫。在我国分布于云南、重庆等地。

蟾科　Phasmatidae
拍摄地点：云南省保山市隆阳区潞江镇赧亢村
拍摄时间：2016年8月22日

**120**

## 污色无翅刺䗛
*Cnipsus colorantis*

　　因身体污色无翅而得此名。触角分节明显，常短于前足腿节。雌虫的腹瓣和长条形的肛上板形成喙状产卵器。雄虫后足腿节常加厚有刺齿，体和足上有刺。在我国分布于云南等地。

䗛科　Phasmatidae
拍摄地点：云南省保山市腾冲市大蒿坪
拍摄时间：1992年5月25日

**121**

# 滇叶䗛
*Phyllium（Phyllium）yunnanenese*

　　本科昆虫体色多为绿色，宽叶状，雌雄体形差异明显。体扩展且扁平，足的股、胫节强烈扩展呈叶状。触角丝状，雄性很短，雌性则较长。雌性前翅较长，宽叶状，能将后翅及腹部大部分盖住，雄性前翅小，后翅宽，大多露在体外。形态和体色形成极强的拟态和保护色。植食性。在我国分布于云南、广西、海南、贵州等地。

叶䗛科　Phyllidae
拍摄地点：云南省昆明市
拍摄时间：2018年5月1日

# 半翅目
# HEMIPTERA

# 茶翅蝽
*Halyomorpha halys*

　　体长14～16 mm，宽7～9 mm。体黄褐色，具黑色刻点，只有前胸背板基半部具稀疏金绿色刻点，或整个身体背面均为金绿色，呈强烈金属光泽，体色变异很大，但除前胸背板外其余部分颜色基本一致。触角1、2、3节深褐色至黑色；第4节两端与第5节基部淡黄色，分界明显。小盾片基部常隐约可见5个黄色小斑；翅革片烟褐色，基部较深，膜片翅脉色深；侧接缘黄黑相间。在我国各地均有分布。

蝽科　Pentatomidae
拍摄地点：海南省乐东黎族自治县尖峰岭
拍摄时间：1998年6月下旬

**126**

# 大臭蝽
## *Metonymia glandulosa*

　　体色淡黄，略带红色。头侧叶长于中叶，并在中叶前方愈合；触角第1、2节暗红，第3～5节暗褐色。前胸背板及小盾片红褐色，散生稀少小黑点，前侧缘锯齿状；小盾片基角处各有1个近椭圆形暗绿色大斑。取食板栗、柑橘等。在我国分布于山东、河南以南的地区。

蝽科　Pentatomidae
拍摄地点：海南省乐东黎族自治县尖峰岭
拍摄时间：1997年5月下旬

## 尖角普蝽
*Priassus spiniger*

头部及前胸背板前半部红色显著，侧角伸长而尖锐，在红色区域及前翅革片外域密布黑色刻点。触角、足及身体腹面均为淡黄色。喙伸过中足基节。在我国分布于四川、贵州、湖北等地。

蝽科　Pentatomidae
拍摄地点：湖北省恩施土家族苗族自治州利川市星斗山
拍摄时间：1989年7月22日

# 巨蝽
*Eusthenes robustus*

　　体形宽大，椭圆形，深紫褐色；成虫体长34～38 mm，宽18～23 mm。触角4节黑色。前胸背板刻点密，前缘具卷边，前角略突出，侧角略伸出；雄虫后足股节粗大，近基部有1个大刺。侧接缘各节一色，或前部黄色，但只占全节的1/3。成虫多集中在鸭脚木上吸食，越冬前后分散。在我国分布于云南、四川、广西、江西、广东等地。

蝽科　Pentatomidae
拍摄地点：云南省德宏傣族景颇族自治州瑞丽市弄岛镇等嘎村
拍摄时间：1992年6月8日

# 绿岱蝽
*Dalpada smargdina*

成虫体长15.5~20 mm，宽7~10 mm；体背鲜绿色，有金属光泽。头长方形，侧叶边缘波浪状，黑色，中叶与侧叶几乎等长；复眼棕黑色，单眼红色，触角棕黑至棕黄色，第4、5节基半部色淡。小盾片末端边缘黄白色，基部有5个横列的小白点。腹下及足黄色。为害油桐、柑橘、紫薇、构树等植物。在我国分布于贵州、广西、云南、四川、江苏、浙江、安徽、福建、江西、湖北、湖南、广东、台湾等地。

蝽科　Pentatomidae
拍摄地点：贵州省遵义市绥阳县宽阔水国家级自然保护区
拍摄时间：2010年8月17日

**130**

# 珀蝽
*Plautia fimbriata*

　　体长8～11.5 mm，宽5～5.6 mm；长卵圆形，具光泽，密被黑色或与身体同色的细刻点。头鲜绿色，触角第2节绿色，第3、4、5节黄绿色，末端黑色；复眼棕黑色，单眼棕红色。前胸背板鲜绿色，两侧角圆而稍凸起，红褐色，后侧缘红褐色；小盾片鲜绿色，末端色淡；前翅革片暗红色，刻点黑色，并常组成不规则的斑。在我国分布于广西、贵州、四川、云南、西藏、北京、河北、江苏、浙江、安徽、福建、江西、山东、河南、湖北、广东、陕西等地。

蝽科　Pentatomidae
拍摄地点：北京市海淀区百望山
拍摄时间：2007年8月17日

**131**

# 硕蝽
*Eurostus validus*

　　体长23～31 mm，宽11～14 mm；长卵形，棕红色，具金属光泽，密布细刻点。头小，三角形，侧叶长于中叶；触角黑色，末节枯黄色。前胸背板前缘带蓝绿光，小盾片近正三角形，有明显的皱纹，两侧缘蓝绿，末端呈小匙状；足深褐色，跗节稍黄，腿节近末端有2枚锐刺。腹部背面紫红色，侧接缘较宽，蓝绿色，节缝处微红。第一可见腹节背面近前缘处有一对发音器，遇敌或遇偶时会发出"叽、叽"的叫声；这在蝽科昆虫中是比较特别的。主要为害板栗、白栎、乌桕、胡椒等植物。在我国分布于贵州、广西、四川、山东、河南、陕西、广东、台湾等地。

蝽科　Pentatomidae
拍摄地点：贵州省铜仁市梵净山
拍摄时间：2002年6月2日

## 斑莽蝽
*Placosternum urus*

　　身体宽椭圆形。前胸背板侧角伸出，末端有不太明显的黑色凹陷，末端的舌状部较狭长；侧接缘各节黄黑相间，后角伸出较多；小盾片基半部较隆起，中部两侧有一较明显的凹陷；膜片上有一些分布不规则的黑褐色小斑点。在我国分布于云南、贵州、西藏、山东、河南、湖北、湖南、福建等地。

蝽科　Pentatomidae
拍摄地点：云南省德宏傣族景颇族自治州瑞丽市畹町镇
拍摄时间：1992年6月11日

**133**

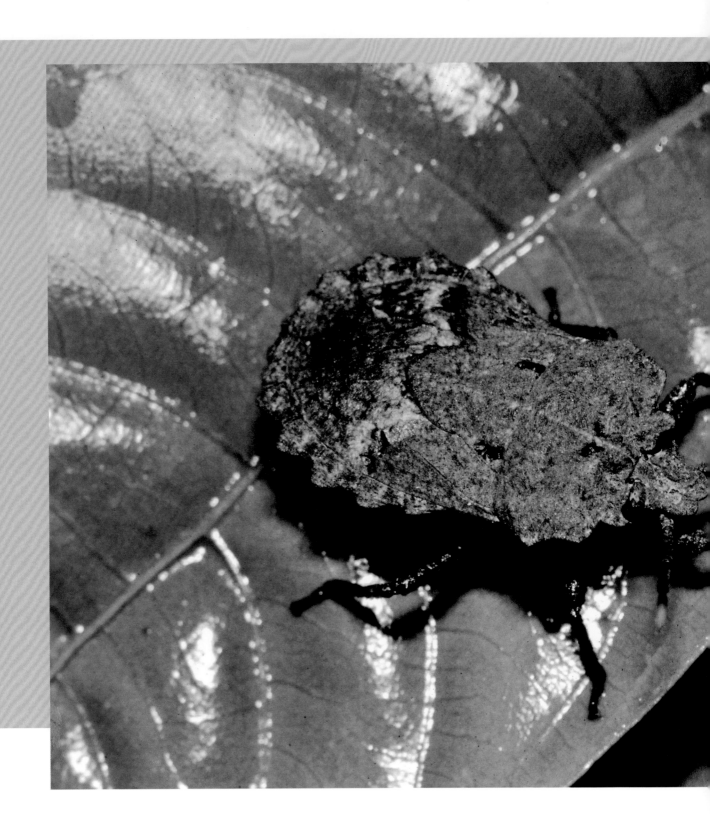

134

## 细角瓜蝽
*Megymenum gracilicorne*

　　身体黑褐色，常有铜色光泽，翅膜片淡黄色。头部中央下陷呈匙状，侧缘内凹，在复眼前方的侧缘上有一外伸长刺；触角4节。小盾片表面粗糙，有微纵脊，基角处下陷，黑色并有金属闪光，基部中央有1枚小黄点；足同体色，腿节腹面有刺，胫节外侧有浅沟；侧接缘每节有1个粗大的锯齿状突起。在我国分布于贵州、广西、四川、陕西、江苏、浙江、福建、江西、山东、湖北、湖南等地。

蝽科　Pentatomidae
拍摄地点：贵州省铜仁市梵净山
拍摄时间：2002年6月上旬

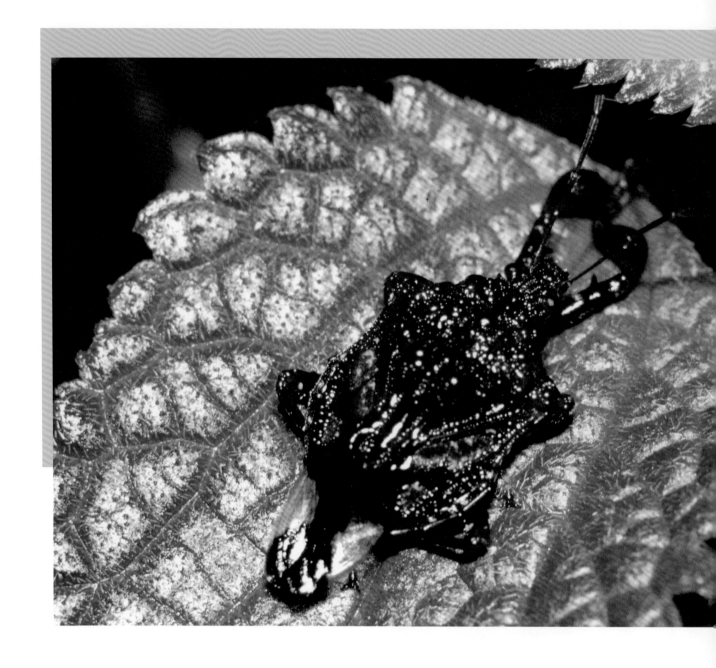

# 峨眉疣蝽
*Cazira emeia*

　　体长8～12 mm。头侧叶长于中叶。前胸背板前叶有疣突，侧角较钝，微伸出体外；小盾片基部疣突明显；前翅膜片于两翅重叠时中央有深黑色、褐色的宽带纵贯全身，其边缘界线极清楚，两侧透明。在我国分布于云南、四川、湖北、陕西、福建、广东等地。

蝽科　Pentatomidae
拍摄地点：湖北省恩施土家族苗族自治州利川市星斗山
拍摄时间：1989年7月24日

**136**

# 平尾梭蝽
*Megarrhamphus truncates*

　　成虫体长17～21 mm，宽7～8 mm；黄色并带有红色光泽，宽梭形。头、前胸背板、小盾片黄褐色至淡红褐色；触角、翅革片淡红褐色至较鲜明的玫瑰色。中胸背板及小盾片有密而明显的横皱；翅膜片淡色透明，翅脉围有整齐的细黑线，膜片不达腹部末端；足黄色，有时胫节带有红色光泽，胫侧有黑色纵线，以前足为甚。成虫及若虫均吸食多种植物汁液。在我国分布于云南、广西、河北、江西、福建、广东等地。

蝽科　Pentatomidae
拍摄地点：云南省文山壮族苗族自治州麻栗坡县
拍摄时间：2018年4月23日

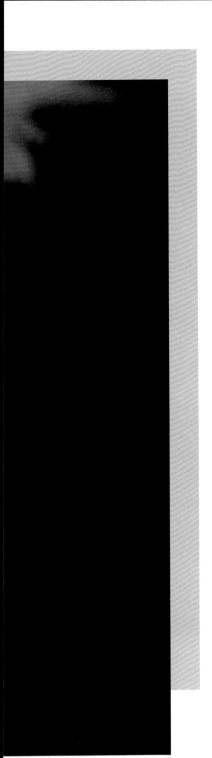

# 大皱蝽
*Cyclopelta obscura*

　　成虫体长12～15 mm，宽7～8 mm；椭圆形，黑褐至红褐色，无光泽。前胸背板基半部有多条平行皱纹；小盾片中央有1个黄白色小斑和较为明显的横皱。成、若虫常聚集于寄主枝干或藤蔓上刺吸汁液。在我国分布于云南、贵州、四川、广西、广东等地。

兜蝽科　Dinidoridae
拍摄地点：云南省红河哈尼族彝族自治州金平苗族瑶族傣族自治县
拍摄时间：2018年4月20日

# 九香虫
*Aspongopus chinensis*

　　身体椭圆形，全体紫黑色或黑褐色，微带铜色光泽。触角第2节长于第3节。前胸背板和小盾片有许多近于平行而不规则的横皱；前翅膜片上的脉呈明显不规则网状；足紫黑色。取食瓜类，是瓜类主要害虫。在我国分布于长江以南地区。

兜蝽科　Dinidoridae
拍摄地点：贵州省遵义市习水县三岔河乡
拍摄时间：2000年5月28日

# 蟾蝽
*Gelastocoris* sp.

　　体形宽短，复眼突出，外观很像小号的蟾蜍，甚至连爬行的姿态都像，并且也会跳跃。触角粗短，藏于复眼及前胸下方。多生活在水边沙地，有时也在离水较远的地方出现。体色多与周围泥沙的颜色接近，起到保护色的作用。

蟾蝽科　Gelastocoridae
拍摄地点：云南省文山壮族苗族自治州马关县
拍摄时间：2018年4月21日

**141**

# 脊扁蝽
*Neuroctenus* sp.

　　身体通常极扁平，多薄如片状，骨化较强，通常暗棕褐色。触角较短粗，4节；无单眼，眼后刺常显著。小盾片三角形，侧缘具隆脊；前翅不盖及整个腹部。成虫及若虫常栖息于朽木树皮下，几乎都以菌类为食。

扁蝽科　Aradidae
拍摄地点：云南省昆明市鸣凤山
拍摄时间：2018年5月1日

**142**

# 华沟盾蝽
*Solenostehium chinense*

　　别名棉盾蝽、棉龟蝽。体长15～15.5 mm，宽9.5～10 mm，卵圆形，背部隆起，腹面较平，棕黑色，体下黄褐色。头近三角形，中叶稍长于侧叶；触角5节，黑色，基节黄色；喙黄色，末端黑色，伸达腹部第2节。前胸背板侧缘黑色，中央有3个横列的小黑斑；小盾片上有8个小黑斑，排成2横列；前翅除基部外缘，其余均为小盾片所覆盖；足棕褐色，胫节背面有纵沟，沟内有纵脊。在我国分布于广西、福建、江西、广东、台湾等地。

盾蝽科　Scutelleridae
拍摄地点：广西壮族自治区崇左市
拍摄时间：2014年9月19日

**144**

# 金绿宽盾蝽
*Poecilocoris lewisi*

　　体长13.5～16 mm，宽9～11 mm；金绿色，斑纹赭红，有的个体略带蓝紫色。前胸背板有一个横置的"日"字形纹；小盾片背面隆起，形似龟背，并有许多花纹；前翅基角外缘显露部分1/2金绿色，其余革质部分黄褐色，膜片及后翅灰褐色，翅脉棕褐色；足黄褐色并带有金绿光泽。寄主有松、侧柏、葡萄、荆条等。在我国分布于贵州、四川、云南、北京、黑龙江、辽宁、河北、山东、陕西等地。

盾蝽科　Scutelleridae
拍摄地点：贵州省贵阳市花溪区
拍摄时间：2002年5月26日

# 油茶宽盾蝽
*Poecilocoris latus*

　　与尼泊尔宽盾蝽十分近似，体色为黄色或黄褐色。前胸背板前侧角处每侧有一大型蓝色或黑蓝色色斑，小盾片共有7～8块黑斑，其余橙黄色。触角及足蓝黑色。取食油茶果实。在我国分布于云南、广西、浙江、江西、福建、广东等地。

盾蝽科　Scutelleridae
拍摄地点：云南省德宏傣族景颇族自治州瑞丽市弄岛镇等嘎村
拍摄时间：1992年6月8日

**146**

# 尼泊尔宽盾蝽
*Poecilocoris nepalensis*

　　小盾片极大，后缘伸达腹部末端。前胸背板和小盾片连接处不向下陷入，又因体形宽短且后端圆形而属宽盾蝽；前胸背板前缘处有黑色横带，中部有2块大黑斑；小盾片上有10块黑斑，其余部分为橙红色至黑褐色，可与其他宽盾蝽相区别。在我国分布于云南、贵州、广东等地。

盾蝽科　Scutelleridae
拍摄地点：海南省乐东黎族自治县尖峰岭
拍摄时间：1984年4月1日

# 泛光红蝽
*Dindymus rubiginosus*

　　窄椭圆形，体长11.0～16.5 mm；淡红色。前胸背板胝隆起、光滑，其前缘小于头宽，侧缘强烈向上翘折，后叶及小盾片基缘具粗刻点；小盾片大部及革片前缘较光滑，革片顶角显著延伸，较窄长，其内侧具细密刻点。前翅膜片黑斑、腹部腹面基缘黑带及其近中央斑纹常有变异。在我国分布于广西、云南、西藏、广东、海南等地。

红蝽科　Pyrrhocoridae
拍摄地点：广东省惠州市博罗县象头山
拍摄时间：2008年7月4日

**148**

# 细斑棉红蝽
*Dysdercus evanescens*

　　体长15.0~18.5 mm，宽4.0~5.0 mm；朱红色。触角（除第1节基半部暗红色外）、眼、革片中央一细小斑及腹部腹板接合缝侧部棕黑色；胸侧板及腹部腹面各节后缘浅橘红色；前胸背板及革片具同色细密刻点，胸侧板具粗刻点，前胸背板侧缘、胝及革片前缘光滑。前翅明显超过腹端，其膜片淡棕色，几乎透明。在我国分布于贵州、云南、西藏等地。

红蝽科　Pyrrhocoridae
拍摄地点：贵州省黔东南苗族侗族自治州雷山县
拍摄时间：2005年5月30日

150

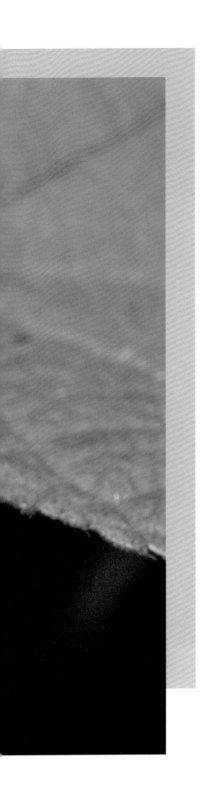

# 离斑棉红蝽
*Dysdercus cingulatus*

　　体长12～18 mm，前胸背板宽3～5 mm；体色橘黄至橘红色。头、触角基部、喙（端节除外）、前胸背板胝及其侧缘、体腹面及股节基半部红色；触角第2～4节、眼、小盾片、革片中央圆斑、前翅膜片、股节末端、胫及跗节棕黑色至黑色；前胸背、腹板前缘、各胸侧板后缘及腹部腹板各节后缘乳白色。寄主植物为柑橘、甘蔗、棉花。以卵在表土层越冬，部分以成虫和若虫在土壤缝隙里或棉花等植物的枯枝落叶下越冬。在我国分布于广西、云南、福建、广东、海南、台湾等地。

红蝽科　Pyrrhocoridae
拍摄地点：广西壮族自治区百色市那坡县
拍摄时间：2018年4月28日

# 荔蝽
*Tessaratoma papillosa*

　　成虫体长21～31 mm，宽11～17 mm。椭圆形，棕黄褐色。头短，三角形。小盾片三角形端部尖长；前胸背板及小盾片具有细密的同色刻点，有些个体并具浅皱。侧接缘狭窄，锯齿状。腹下色稍深，常被白色粉状物。主要取食荔枝和龙眼，是荔枝和龙眼的主要害虫。在我国分布于云南、广西、贵州、福建、江西、广东、海南、台湾等地。

荔蝽科　Tessaratomidae
拍摄地点：云南省红河哈尼族彝族自治州金平苗族瑶族傣族自治县
拍摄时间：2013年8月17日

# 玛蝽
## *Mattiphus splendidus*

体长21～26 mm；色泽光亮，呈灿烂的翠绿色。头部黄褐色，边缘黑色，头两侧复眼前呈三角形突出，眼前角尖；触角第1节及第2节棕褐色，端部渐深，第3节黑色，末端淡黄色。前胸背板、小盾片、翅革片侧缘区及端缘附近金绿色，有不同程度的金属光泽；小盾片有稀疏皱纹，几乎无刻点；翅革片大部分棕褐色，膜片为褐色；侧接缘各节前半部分为黄褐色；足黄褐色。在我国分布于贵州、四川、广西、云南、湖北、福建等地。

荔蝽科　Tessaratomidae
拍摄地点：湖北省恩施土家族苗族自治州利川市星斗山
拍摄时间：1989年7月26日

# 四川犀猎蝽
*Sycanus sichuanensis*

　　体长19～23 mm，棕褐色至黑色，光亮；第3～7腹节侧接缘基部伸向内中部的斑点鲜红色至暗红色，各足股节亚端部的环纹黄褐色至黑褐色。前胸背板前叶圆鼓，具不明显的印纹，小盾片具顶端分叉略弯曲的长刺。腹部侧接缘近半圆形向两侧扩展。在植物丛的中上层活动，捕食各种昆虫和节肢动物。在我国分布于云南、贵州、四川、湖北等地。

猎蝽科　Reduviidae
拍摄地点：湖北省恩施土家族苗族自治州利川市星斗山
拍摄时间：1989年7月26日

# 真猎蝽
*Harpactor* sp.

　　身体细长，体色多为红色，具有蓝黑或黄色斑纹，前胸背板基半部及端半部中央都有黑斑，小盾片黑色；翅的爪片、革片内侧及膜片为蓝褐色。本属昆虫飞行较快，成虫及若虫均活动于花上或草丛中，捕食鳞翅目幼虫。在我国分布于重庆、广西、云南、广东等地。

猎蝽科　Reduviidae
拍摄地点：重庆市武隆区火炉镇
拍摄时间：1989年7月7日

# 齿缘刺猎蝽
*Sclomina erinacea*

    体长13～16 mm；黄色至黄褐色。头部背面、前胸背板、各足股节具长刺突，以前胸背板中部的1对最大。前胸背板前叶具印纹，中央纵凹深，后叶中央纵凹浅，后角圆钝，后缘略凸；小盾片具"Y"形脊，端部微下弯；前足股节较发达。第3～7腹节侧接缘后角锯齿状向外突出。在植物丛的中上层活动，捕食各种昆虫和节肢动物。在我国分布于云南、贵州、广西、四川、湖北、湖南、安徽、浙江、江西、福建、海南、香港、台湾等地。

猎蝽科　Reduviidae
拍摄地点：贵州省铜仁市梵净山
拍摄时间：2002年6月上旬

**156**

# 水黾
Gerridae

　　体中型，纺锤状，色暗淡；成虫有无翅型和有翅型。头小，触角细长，第1节最长，复眼球形。中胸特别发达，大于前、后胸之和；足细长，前足最短，中足最长，中、后足基节接近而远离前足基节，跗节上密生防水细毛。喜欢生活在活水水面上，能在水面迅跑，捕食落到水面的小型昆虫。

黾蝽科　Gerridae
拍摄地点：云南省昆明市
拍摄时间：2013年8月24日

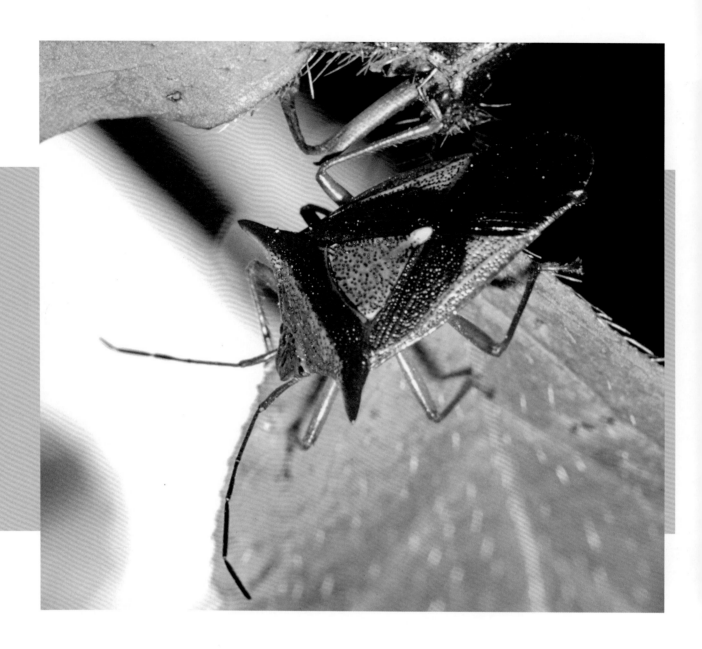

# 泛刺同蝽
*Acanthosoma spinicolle*

　　雄虫体长约13.5 mm，宽约6 mm；窄椭圆形，灰黄绿色。前胸背板近前缘处有一条黄褐色横带，侧角延伸呈短刺状，棕红色，末端尖锐。生活于林木之上。在我国分布于四川、西藏、辽宁、黑龙江、北京、河北、甘肃、新疆等地。

同蝽科　Acanthosomatidae
拍摄地点：四川省雅安市宝兴县蜂桶寨国家级自然保护区
拍摄时间：2003年8月6日

**158**

## 同蝽
*Acanthosoma* sp.

体多椭圆形，一般呈黄褐色，具粗刻点。头三角形，触角常5节，单眼很明显；喙4节，末端棕黑色。前胸背板梯形，侧角形状各异，呈角、刺形甚或翼状；小盾片发达，长三角形。生活在乔木或灌木丛中，喜欢聚集在寄主花序、幼果及嫩枝处吸食汁液。

同蝽科　Acanthosomatidae
拍摄地点：四川省都江堰
拍摄时间：2003年5月28日

# 华西朱蝽
*Parastrachia nagaensis*

　　体长16~18 mm，宽6~8 mm，鲜红色。头基部、前胸背板前部中央、小盾片大部、前翅革区中央的圆斑、触角、足、身体腹面的斑纹黑色；膜区大部黑褐色至黑色，边缘色较淡。触角第3节明显长于第2节。在我国分布于四川、云南、贵州。

土蝽科　Cydnidae
拍摄地点：贵州省黔东南苗族侗族自治州雷山县雷公山莲花坪
拍摄时间：2005年6月2日

**160**

# 茶色赭缘蝽
*Ochrochira camelina*

　　因前翅膜片上的多条脉均由1条横脉上发出，所以属缘
蝽科，又因各足腿节腹面顶端有尖锐的齿，而属巨缘蝽类。
本种喙的第2节显著短于第1节，第3节短于第2节，前胸背板
无黑色纵纹；雌虫后足腿节腹面无大刺。在我国分布于四
川、贵州、云南、湖北等地。

缘蝽科　Coreidae
拍摄地点：湖北省恩施土家族苗族自治州利川市星斗山
拍摄时间：1989年7月23日

**161**

# 菲缘蝽
*Physomerus grossipes*

　　体长17~21 mm，棕褐色。头、前胸背板、腹部腹面及足浅黄色；后足股节端部及亚端部具黑色环纹，后足胫节近中部内缘具1刺。在我国分布于广西、四川、云南、广东等地。

缘蝽科　Coreidae
拍摄地点：广西壮族自治区南宁市
拍摄时间：1997年6月中旬

**162**

# 褐伊缘蝽
## *Aeschyntelus sparsus*

体长6～8 mm，背面灰绿色，腹面灰黄色，具褐色斑点。触角第2节背侧带有1条隐约可见的深色纵纹。前翅上的小点、腹背面、侧接缘各节端部及身体腹面中央均为黑色。成虫比较活泼，善于飞翔。在我国分布于四川、云南、黑龙江、陕西、浙江、江西、福建、广东等地。

缘蝽科　Coreidae
拍摄地点：贵州省遵义市绥阳县宽阔水国家级自然保护区
拍摄时间：2010年8月17日

**163**

# 黑赭缘蝽
*Ochrochira fusca*

　　触角4节，具单眼。前胸背板一般呈梯形，侧角不突出或呈刺状，叶状突出。小盾片小，三角形，短于前翅爪片，静止时爪片完全包围小盾片，形成显著的爪片接合缝。膜片具多条平行纵脉，通常基部无翅室。足较长，后腿节常粗大，具瘤或刺状突起，胫节常呈叶状或齿状扩展。植食性，吸食植物的浆液。在我国分布于云南、四川、贵州、湖北等地。

缘蝽科　Coreidae
拍摄地点：云南省保山市隆阳区潞江镇坝湾村
拍摄时间：1992年5月22日

# 狭达缘蝽
*Dalader distant*

体长23～26 mm，赭色。触角第3节极度扩展。前胸背板侧叶向前方伸展较长，侧角尖锐；前足腿节腹面顶端有两列齿。腹部两侧扩展呈菱形。在我国分布于云南等地。

缘蝽科　Coreidae
拍摄地点：云南省保山市腾冲市猴桥镇
拍摄时间：1992年6月1日

**165**

# 点蜂缘蝽
*Riptortus pedestris*

　　体长15～17 mm，宽3～5 mm，体形狭长，黄褐色至黑褐色，被白色细绒毛。头、胸部两侧的黄色光滑斑纹呈点斑状或消失；触角前3节端部稍膨大，基半部色淡。足与体同色，胫节中段色淡，后足腿节粗大，有黄斑。腹面具4个较长的刺和几个小齿；侧缘稍外露，黄黑相间。成虫和若虫均刺吸植物汁液，在豆类植物开始结果实时往往集群危害。在我国分布于四川、云南、西藏、北京、河南、湖北、江苏、浙江、安徽、江西、福建等地。

缘蝽科　Coreidae
拍摄地点：北京市海淀区百望山
拍摄时间：2007年8月17日

**166**

# 波赭缘蝽
*Ochrochira potanini*

　　体长20～30 mm，黑褐色，被白色短毛。触角4节，着生于头部两侧上方，第4节棕黄色；具单眼。前胸背板一般呈梯形，侧角圆形不突出并向上翘折。植食性，吸食植物的幼嫩部分。在我国分布于四川、西藏、河北、湖北等地。

缘蝽科　Coreidae
拍摄地点：河北省张家口市蔚县杨家坪
拍摄时间：2005年8月20日

**168**

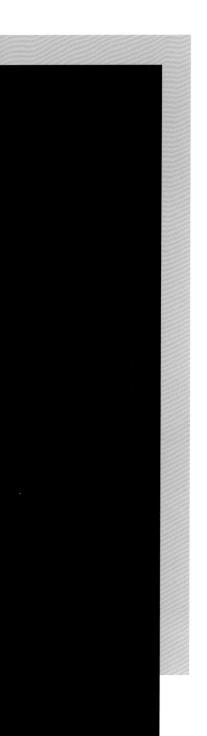

# 曲胫佅缘蝽
## *Mictis tenebrosa*

体长22~24 mm，暗褐色。前胸背板侧缘直，具微齿，侧角钝圆；雄虫后足股节粗大，胫节腹面呈三角形。卵聚产于叶背或小枝条上，成虫、若虫均喜在嫩叶上取食。在我国分布于四川、广西、云南、西藏、海南、浙江、湖南、江西、福建、广东等地。

缘蝽科　Coreidae
拍摄地点：海南省乐东黎族自治县尖峰岭
拍摄时间：1997年5月下旬

**171**

# 异足竹缘蝽
## *Notobitus sexguttatus*

　　体长19～20 mm，褐色。触角第4节部分浅色。前足及中足胫节浅色；雄虫后足胫节基半部均匀弯曲，近中部腹面具3个显著的小齿。以嫩竹和竹笋汁液为食。在我国分布于广西、云南、广东等地。

缘蝽科　Coreidae
拍摄地点：马来西亚吉隆坡
拍摄时间：2007年7月2日

# 赭缘蝽
*Ochrochira* sp.

　　触角4节，着生于头部两侧上方，具单眼。前胸背板一般呈梯形，侧角不突出或呈刺状、叶状突出，甚至强烈扩展成奇异形状；足较长，后腿节常粗大，具瘤或刺状突起，胫节常呈叶状或齿状扩展。植食性，吸食植物的幼嫩部分。

缘蝽科　Coreidae
拍摄地点：广东省肇庆市鼎湖山
拍摄时间：2008年8月16日

**174**

## 月肩奇缘蝽
### *Derepteryx lunata*

　　体长23～25 mm，深褐色。前胸背板侧角尖锐，向前伸出前胸背板的前缘；雄虫后足股节较粗，端半部背面及内面具短刺突，胫节内面超过中部处呈角状扩展，雌虫后足较细，胫节简单。卵呈条状产于枝干或果柄上，成虫、若虫均为害寄主植物。在我国分布于贵州、四川、河南、浙江、江西、湖北、福建等地。

缘蝽科　Coreidae
拍摄地点：贵州省铜仁市梵净山
拍摄时间：2002年6月上旬

**176**

# 一点同缘蝽

*Homoeocerus unipunctatus*

体长13.5～14.5 mm，宽约5.5 mm，纺锤形，黄褐色。前胸背板单色窄边，侧角稍突出，微向上翘；前翅革片中央具有1个小黑点，膜片不完全盖住腹部末端。腹部两侧较明显扩张，侧接缘部分露出，上具浓密小黑点。主要危害豆类等作物。在我国分布于四川、云南、西藏、江苏、浙江、江西、湖北、湖南、山东、广东、台湾等地。

缘蝽科　Coreidae
拍摄地点：湖北省恩施土家族苗族自治州鹤峰县
拍摄时间：1989年7月29日

# 红脊长蝽
*Tropidothorax elegans*

　　体长约10 mm，红色具黑色大斑。头黑色，触角黑色，第2节与第4节等长。前胸背板中纵脊和侧缘脊隆起甚高，前缘、后缘、两侧缘和中纵脊红色或紫红色，其余黑色；革片红色，中央具黑色大斑；足黑色。腹部红色，各节均具黑色大型中斑和侧斑，末端墨黑色。成虫和若虫常群聚于植物嫩茎及嫩叶上吸食汁液。在我国分布于北京、四川、广西、云南、天津、河南、江苏、广东、台湾等地。

长蝽科　Lygaeidae
拍摄地点：北京市海淀区翠湖湿地
拍摄时间：2006年5月21日

**178**

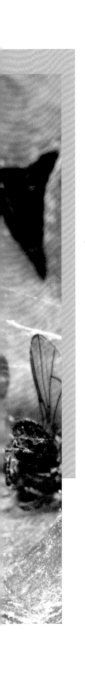

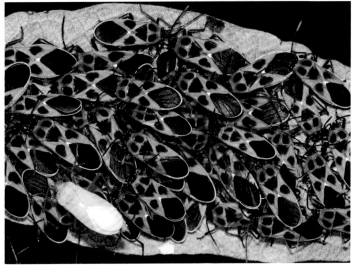

## 黑丽宝岛蝉
*Formotosena seebohmi*

　　成虫体长约60 mm，较粗壮，黑色。头绿色，两复眼间的宽横带及后唇基中央的宽纵带漆黑色。前胸背板前缘中央有1对倒三角形水蓝色斑，内片黑色，外片及前胸侧腹面绿色；中胸背板水蓝色，前缘有紧密排列的4个倒圆锥形黑斑，中部有一对小黑点；前后翅黑褐色，前翅中部有白色宽横带，前缘基半部绿色，翅脉黑褐色。生活于低海拔热带、亚热带山区，若虫土栖生活，吸食乔木根部汁液。雄虫可以鸣叫。在我国分布于广西、贵州、海南、福建、江西、台湾等地。

蝉科　Cicadidae
拍摄地点：海南省五指山
拍摄时间：1998年6月下旬

*180*

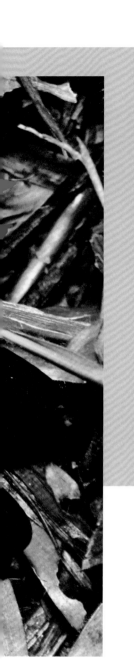

# 暗翅蝉
## *Scieroptera splendidula*

　　红蝉的一种。头、胸背黑色，腹部红色，前胸背板中央纵带及周缘黄色，中胸背板中央剑状斑及两侧黄褐色。前翅暗褐色，不透明。足赭色，前足腿节生有4枚强刺。取食板栗、栎树等植物汁液。在我国分布于广西、云南、四川、贵州、福建、湖南、湖北等地。

蝉科　Cicadidae
拍摄地点：湖北省恩施土家族苗族自治州宣恩县晓关侗族乡
拍摄时间：1989年7月31日

# 程氏网翅蝉
## *Polyneura cheni*

　　体长60～70 mm，色彩艳丽，颇具观赏价值。头部黑色，触角黑色，复眼红色。前胸背板基缘为黄绿色，前缘为黄色，胸部带有两个黄绿色"V"形斑纹；翅脉黄绿色，翅面为黑色，形成网状花纹，后翅橘红色。生活于热带山区，雄虫可以鸣叫。在我国分布于四川、重庆、云南等地。

蝉科　Cicadidae
拍摄地点：四川省雅安市宝兴县蜂桶寨国家级自然保护区
拍摄时间：2003年8月16日

**182**

# 叶蛾蜡蝉
## *Atracis* sp.

　　额长过于宽。前翅前缘膜很宽，常为前缘室宽度的3～4倍或更多，前缘多数种类呈波状，休息时翅平放在腹部之上，顶长，前端尖；后足胫节只具一刺。

蛾蜡蝉科　Flatidae
拍摄地点：云南省保山市隆阳区潞江镇坝湾村
拍摄时间：1992年5月23日

**183**

# 蛾蜡蝉
Flatidae

　　中型到大型，美丽的蛾形种类，体、翅多黄、绿、白色，也有一些暗色的种类。头比前胸背板狭；额长过于宽，或长宽略等；单眼2个，位于额的侧脊线外；触角鞭状不分节。前胸短阔，中脊线和亚中脊线有或没有；中胸盾片大，中脊线和亚中脊线有或没有；前翅宽大，前缘脉分出很多横脉，后翅宽大，肘脉多分支。静止时翅通常放置呈屋脊状。

蛾蜡蝉科　Flatidae
拍摄地点：贵州省遵义市绥阳县宽阔水国家级自然保护区
拍摄时间：2010年8月13日

# 紫络蛾蜡蝉
*Lawana imitata*

　　体长约14 mm，翅展约43 mm。头胸淡黄褐色，也有带淡紫色或淡黄绿色的。前翅粉白色，略带紫色，有的个体带一点黄绿色，翅面宽广，翅脉紫红色，翅中央有1个不太明显的紫红色小斑，后翅灰白色；足淡黄色，跗节末端色深，后足胫节外侧有刺2根。寄主为杧果、荔枝、龙眼等。在我国分布于云南、广西等地。

蛾蜡蝉科　Flatidae
拍摄地点：云南省保山市隆阳区潞江镇坝湾村
拍摄时间：1992年5月20日

**185**

# 阔带宽广蜡蝉（宽带广翅蜡蝉）
## *Pochazia confusa*

　　体长约10 mm，翅展约32 mm；体栗褐色，前端色深，尤以中胸背板色最深。前翅大三角形，外缘长于后缘，翅的中横带宽而直，半透明，从翅后缘中部向前伸，几乎与外缘平行，翅外缘有3个半透明斑，斑内脉纹仍为褐色，三斑的前后以及三斑之间沿外缘还有10多个微小的透明斑；后翅有一透明的中横带，其后端不达翅缘。寄主为覆盆子。在我国分布于贵州、广西、四川、广东等地。

广翅蜡蝉科　Ricaniidae
拍摄地点：贵州省遵义市绥阳县宽阔水国家级自然保护区
拍摄时间：2010年8月16日

**186**

## 褐带广翅蜡蝉
*Ricania taeniata*

　　体长约4.5 mm，翅展约14 mm。头、胸背面褐色，腹面色较浅。前翅黄褐色，基部和前缘色较深，翅中部具2条深色的直横带，近外缘还有1条较宽、颜色更深的直横带，此带内侧还有1条很细的褐色横带；后翅浅褐色，无斑纹；后足胫节外侧有2刺。腹部黄褐色。寄主植物为柑橘、水稻、甘蔗、禾本科杂草。在我国分布于广西、贵州、陕西、江苏、上海、浙江、湖北、江西、台湾、广东等地。

广翅蜡蝉科　Ricaniidae
拍摄地点：广西壮族自治区崇左市
拍摄时间：2014年9月19日

**187**

# 波纹长袖蜡蝉
*Zoraida kuwayanaae*

头比前胸背板狭窄得多；顶在复眼之间呈狭三角形；额窄片状；唇基长，有脊3条；喙的端节小；复眼下缘略呈波形；触角第2节很长。前翅狭长，端缘平截，后缘略呈波形；后翅很短，不及前翅长度的一半；足细长，后足胫节有一明显的刺。在我国分布于贵州、海南、浙江、福建等地。

袖蜡蝉科　Derbidae
拍摄地点：海南省儋州市
拍摄时间：1998年6月下旬

**188**

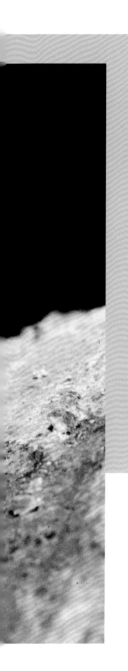

# V脊菱纹蜡蝉
*Oliarus vicarious*

　　头略比前胸背板狭，头顶后缘凹入呈角度，中域略陷；额与唇基连在一起呈椭圆形，具有一明显的中脊，侧缘弧形；复眼肾形、额有一中单眼；唇基边缘呈脊状；触角极短。前胸背板很短，后缘凹入呈角度，中胸背板具纵脊5条；前翅外缘弧形，径脉和中脉在基部并接在一起，在前翅中部各分两叉；后足胫节有2或3个刺。

菱蜡蝉科　Cixiidae
拍摄地点：贵州省黔东南苗族侗族自治州雷山县
拍摄时间：2005年5月30日

## 帛菱蜡蝉
*Borysthenes deflexus*

　　头略比前胸背板狭，前缘凹陷；顶极短；额斜向凹入，近基部
扩大，具中脊1条，在近前缘处有小分叉；触角短粗，下方凹入呈不
规则形；唇基具中脊1条，侧缘脊状。前胸背板短，中胸背板有3条
纵脊；前翅宽阔，外缘斜向弧形，前缘基部呈弧形；足细长，后足
胫节外侧无刺。

菱蜡蝉科　Cixiidae
拍摄地点：贵州省铜仁市梵净山
拍摄时间：2002年5月28日

# 斑衣蜡蝉
*Lycorma* sp.

　　头略突出，突出部分很短并向上折转；颜面长过于阔，上面部分较狭，有两条平行的侧隆线，有时中部以下隆线消失；顶基部截形，后角不突出。前胸背板有细的中线，中线两侧各有一浅凹陷；前翅中等宽度，端部脉纹网状，后翅宽，比前翅稍短，后缘波状，端区脉纹分叉很密。在我国分布于贵州、海南、浙江、福建等地。

蜡蝉科　Fulgoridae
拍摄地点：贵州省遵义市绥阳县宽阔水国家级自然保护区
拍摄时间：2010年8月17日

# 中华鼻蜡蝉
*Zanna chinensis*

　　体长约30 mm，头突长约14 mm，翅展60～65 mm；体及前翅灰褐色，散布有黑色小点。头向前平伸形成一个圆锥形长突起，和腹部等长，头突基部黑点数量多而细小。后翅乳白色，端部淡褐色，翅脉灰褐色。寄主为大豆、椰子等。在我国分布于云南、贵州、四川、广东、海南等地。

蜡蝉科　Fulgoridae
拍摄地点：云南省保山市隆阳区潞江镇坝湾村
拍摄时间：1992年5月20日

**192**

# 拉氏蜡蝉
*Fulgora lathburii*

　　近似龙眼鸡，头和头突背面及侧面黑色，腹面和端部赭色。头突从眼到顶端的长度等于从中胸至腹部末端的长。翅黑色，散布圆形眼斑，端半部斑小且分散，基半部的斑大而略有规则，所有眼斑的周缘白色，眼斑的中心点赤褐色。在我国分布于云南、海南、香港等地。

蜡蝉科　Fulgoridae
拍摄地点：云南省保山市隆阳区潞江镇坝湾村
拍摄时间：1992年5月20日

# 中华象蜡蝉
*Dictyophara sinica*

　　体中型，体色为绿色。头顶延长，约等于前胸与中胸背板之和。前胸背板宽短，前缘在两复眼间突出，后缘弧凹，中部有3条脊，直达小盾片；小盾片三角形，宽大；足细长，后足胫节具3～5根强刺；翅透明，脉纹淡黄色，翅痣淡褐色，端部脉纹网状；后翅宽大。腹部绿色，有黑色中线。在我国分布于云南、重庆、四川、陕西、浙江、广东、台湾等地。

象蜡蝉科　Dictyopharidae
拍摄地点：云南省保山市隆阳区潞江镇坝湾村
拍摄时间：1992年5月20日

**194**

# 东方小室扁蜡蝉
*Paricanoides orientalis*

    中型或小型，外形近似颖蜡蝉和象蜡蝉的种类；体多扁平，翅透明。头比前胸背板狭，常突出，但突出的较短，三角形或钝圆形；顶扁平，有侧缘及中脊线。前胸背板短，有3条脊线；中胸盾片大，四方形，也有3条脊线；前翅大，透明或半透明，主脉简单，后翅的脉纹也简单。分布于我国南方地区。

扁蜡蝉科　Tropiduchidae
拍摄地点：贵州省遵义市赤水市葫市镇金沙村
拍摄时间：2000年6月4日

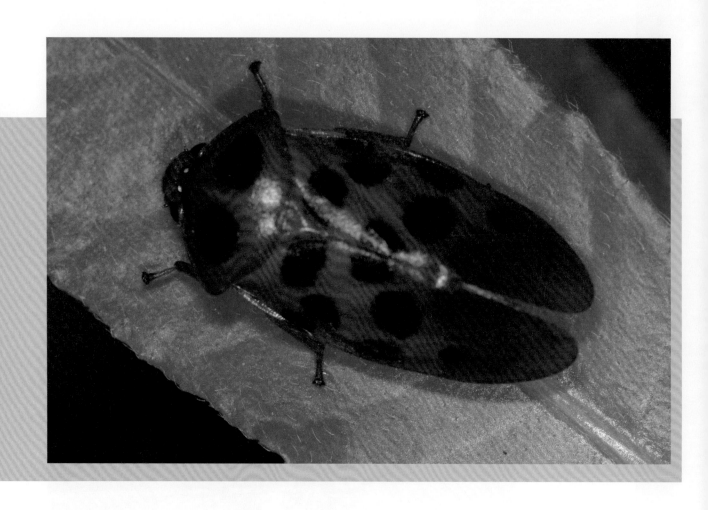

## 背斑丽沫蝉
*Cosmoscarta dorsimacula*

　　体长15.4～19.8 mm。头、前胸背板及小盾片橘红色，复眼黑色，单眼黄色透亮。前胸背板有4个黑斑；前翅橘红色，翅端部网状脉纹区褐黄色，后翅透明；足橘红色。在我国分布于贵州、广西、四川、西藏、江苏、安徽、浙江、湖北、江西、福建、广东、海南等地。

沫蝉科　Cercopidae
拍摄地点：贵州省黔东南苗族侗族自治州雷山县
拍摄时间：2005年5月30日

## 橘黄小盾沫蝉
*Leptataspis fulviceps*

　　较大的沫蝉种类，体长20～22 mm。头（包括颜面）及前胸背板橘黄色，有时枣红色，小盾片、前翅、胸部腹面、足及腹节黑褐色，前胸侧板外缘橘黄色或枣红色。前胸背板宽，前端强烈倾向前下方，具有较明显的中脊，前、后侧缘上折，肩角钝圆。后足胫节外侧有刺2根。在我国分布于广西、云南、西藏、海南、香港等地。

沫蝉科　Cercopidae
拍摄地点：云南省德宏傣族景颇族自治州瑞丽市弄岛镇等嘎村
拍摄时间：1992年6月7日

# 红二带丽沫蝉
*Cosmoscarta egens*

体长约11 mm，翅展约32 mm，体黑色。头部头冠在两复眼前深凹，复眼灰褐色，具黑色斑块，单眼淡黄褐色，单眼间距离与单眼到复眼的距离接近相等，颜面中域光滑，两侧有横刻痕。前胸背板密布细刻点，小盾片血红色，后胸背面有1枚黑褐色横斑；前翅具细颗粒状突起。在我国分布于贵州、四川、湖南等地。

沫蝉科 Cercopidae
拍摄地点：贵州省遵义市绥阳县宽阔水国家级自然保护区
拍摄时间：2010年8月17日

**198**

# 黑缘条大叶蝉
*Atkinsoniella heiyuana*

　　体长5~6 mm，体枣红色或暗红色，唯头部颜面、小盾片和胸足淡黄褐色。头冠有5枚黑斑，前翅上有黑色纵带。老龄个体蜡粉明显。吸取小型灌木的汁液为食。在我国分布于云南、重庆、福建等地。

叶蝉科　Cicadellidae
拍摄地点：云南省保山市隆阳区潞江镇赧亢村
拍摄时间：2016年8月22日

# 凹大叶蝉
*Bothrogonia* sp.

　　体橙黄色。前胸背板3枚黑斑明显；前翅端部黑色；足基节、转节、腿节和胫节的两端、端跗节端部和前跗节均为黑色。

叶蝉科　Cicadellidae
拍摄地点：贵州省遵义市绥阳县宽阔水国家级自然保护区
拍摄时间：2010年8月12日

# 单突叶蝉
*Olidiana* sp.

　　体褐色，被有绿色粉质物。前胸背板大，中长长于头冠，被有黄色颗粒状突起；小盾片大，中长长于前胸背板；前翅褐色，密被不规则污黄色小斑，翅脉明显散生黄色颗粒。

叶蝉科　Cicadellidae
拍摄地点：贵州省遵义市绥阳县宽阔水国家级自然保护区
拍摄时间：2010年8月13日

# 点翅斑大叶蝉
*Anatkina illustris*

　　体连翅长为9.5~10.2 mm，体橙黄色或橘红色。体表分布黑色斑点：头冠前缘2枚，基缘中央1枚，颜面额唇基端部两侧各1枚；前胸背板后半域并排2枚；小盾片两基角及尖角处各1枚；前翅斑纹数目变化较大，0~8个不等，且有些个体前翅端部有黑色横带。复眼及单眼黑色；中、后胸腹面各具4枚黑褐色斑；足胫节端部、端跗节及前跗节黑色；腹部腹面黑色，但各腹节侧缘和后缘具黄白色边。在我国分布于贵州、四川、广西、浙江、广东、福建等地。

叶蝉科　Cicadellidae
拍摄地点：贵州省遵义市绥阳县宽阔水国家级自然保护区
拍摄时间：2010年8月17日

# 角胸叶蝉
*Tituria* sp.

　　耳叶蝉的一种，因前胸背板侧缘呈角状突出而称角胸叶蝉。体黄绿色，头扁平，侧缘具黑边，边内衬赤褐色。小盾片侧缘凹入，两基角褐色。从头穿过前胸背板至小盾片端角有1条不明显的脊。前翅周缘色淡。在我国分布于云南、海南等地。

耳叶蝉科　Ledridae
拍摄地点：云南省保山市隆阳区潞江镇坝湾村
拍摄时间：1992年5月20日

雄虫

# 草履蚧
## *Drosicha corpulenta*

　　雌虫无翅，红色带白色蜡粉，体肥胖，腿短，呈草鞋状。雄虫瘦小，有翅。吸食木本植物，是主要的林木害虫。在我国分布于云南、贵州、河南、河北、山西、山东、江苏、内蒙古等地。

绵蚧科　Monophlebidae
拍摄地点：云南省红河哈尼族彝族自治州金平苗族瑶族傣族自治县（雄虫）；
　　　　　贵州省黔东南苗族侗族自治州雷山县（雌虫）
拍摄时间：2013年8月21日（雄虫）；2005年6月3日（雌虫）

雌虫

206

## 木虱
*Psylla* sp.

　　个体微小，活泼能跳。触角10节，复眼发达，单眼3个。翅脉中的径脉、中脉和肘脉基部愈合形成主干，到近中部分为3支，到近端部每支再分为2支。跗节2节，后足基节有瘤状突起。若虫群居性，成、若虫均刺吸植物汁液，是果树林木害虫，可传播植物病毒。我国南北地区都有分布。

木虱科　Psylidae
拍摄地点：重庆市彭水苗族土家族自治县太原镇
拍摄时间：1989年7月12日

**207**

# 广翅目
# MEGALOPTERA

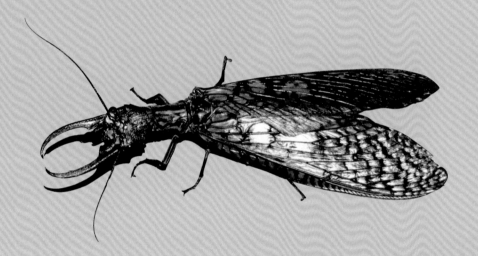

## 华脉齿蛉
*Nevromus exterior*

　　成虫前翅长约50 mm，体黄色，头部无任何黑斑。前胸背板近侧缘具2对黑斑。翅透明，仅端半部呈极浅的烟褐色；翅脉浅褐色，但前缘横脉、径横脉及前翅基半部的横脉黑褐色，且前翅径横脉及基半部的横脉处有浅褐色斑。在我国分布于云南、广西等地。

齿蛉科　Corydalidae
拍摄地点：云南省保山市百花岭
拍摄时间：2016年8月26日

**210**

# 巨齿蛉
*Acanthacorydalis* sp.

　　头部宽大，后头细如颈，头侧有一刺状突，头顶有1对齿状突；头部由黄黑两色组成网状纹，头顶大部分为黑色，单眼前后有3块黄斑；触角黑色，呈锯齿状；上颚发达、雌虫的较小。前胸黑色有黄色条纹，中后胸黑色，前缘有黄斑。成虫陆生，白天多栖于水边岩石、树干或杂草间，夜间活动，有趋光性。幼虫水生，捕食小型水生昆虫。在我国分布于四川、贵州、湖北、福建等地。

齿蛉科　Corydalidae
拍摄地点：贵州省遵义市习水县三岔河乡
拍摄时间：2000年5月27日

# 星齿蛉
*Protohermes* sp.

　　与巨齿蛉近似，但后头上无齿，雌雄上颚同形，均较短。头橘红色，上颚黑色，上唇黄红色；触角锯齿状。前胸橘红色，背面有2条黑带，中后胸色浅，背上有黑斑。幼虫生活在水中。在我国分布于云南、广西、四川等地。

齿蛉科　Corydalidae
拍摄地点：云南省保山市隆阳区潞江镇坝湾村
拍摄时间：1992年5月20日

# 脉翅目
# NEUROPTERA

# 意草蛉
## *Italochrysa* sp.

　　本属是草蛉科较大的类群，在我国记录的有30种左右。体形大，体黄绿色，触角长于前翅。胸部、腹部背面有多个紫红色斑块；前翅草绿色，纤薄透明，翅痣红色，内中室为长方形。在我国分布于云南等地。

草蛉科　Chrysopidae
拍摄地点：云南省保山市隆阳区潞江镇坝湾村
拍摄时间：1992年5月20日

**216**

# 黄脊蝶角蛉
## *Hybris subjacens*

　　头部红褐色，头顶较浅，呈黄褐色，密生黄褐色毛，并杂有黑毛；触角略短于前翅。胸部黑褐色，背中央有黄色宽带，中胸侧板褐色，也有1条黄色斜带；翅透明无斑，亚缘脉和径脉间及翅基为黄褐色。幼虫捕食小虫，成虫5—9月出现。在我国分布于云南、广西、江苏、浙江、广东、海南、台湾等地。

蝶角蛉科　Ascalaphidae
拍摄地点：云南省保山市隆阳区潞江镇坝湾村
拍摄时间：1992年5月24日

## 川贵蝶蛉
*Balmes terissinus*

　　蝶蛉是较为罕见的昆虫。体中型，翅展约
25 mm。头部褐色，复眼隆突于两侧，触角极
短，念珠状。翅宽大具有许多大型斑点，美丽
似蝶。幼虫生活在树皮的裂缝中，捕食小虫。
成虫具有趋光性。在我国分布于贵州、四川、
重庆等地。

蝶蛉科　Psychopsidae
拍摄地点：贵州省遵义市习水县三岔河乡
拍摄时间：2000年5月28日

**218**

# 黄基东螳蛉
*Orientispa flavacoxa*

　　雄虫体长约19 mm，前翅长约13 mm，后翅长约11 mm；雌虫体长约16 mm，前翅长约13 mm，后翅长约11 mm。体黄色，多斑纹。前胸细长膨大，分布有对称的黄条色斑，背中具褐色条带通到小盾片上，胸部侧面黄色；足黄色，前足外侧黄色，内侧黑色，中后足基节黄色，转节整体褐色；翅透明，翅痣褐色至暗褐色。腹部黄色具有明显暗褐色斑，末端几节整体黄色。成虫捕食小昆虫，幼虫寄生蜘蛛卵囊。在我国分布于云南、重庆、福建、湖北、浙江等地。

螳蛉科　Mantispidae
拍摄地点：云南省保山市百花岭
拍摄时间：2016年8月25日

长翅目
# MECOPTERA

# 蝎蛉
## Panorpidae

　　长翅目昆虫因翅多狭长而得名，通称为蝎蛉。成虫体中型、细长。头向腹面延伸呈宽喙状；口器咀嚼式；触角长，丝状。翅2对，膜质，前后翅的大小、形状、脉序均相似。蝎蛉科雄虫的外生殖器明显膨大呈球状并上举，状似蝎尾。成虫杂食性，主要取食小昆虫，但也取食花蜜、花粉、果实、苔藓等作为补充食物。长翅目昆虫大多数生活在潮湿的森林、峡谷或植被茂密的地区，在森林植被遭到破坏的地区数量少而不常见，是重要的生态指示昆虫。

蝎蛉科　Panorpidae
拍摄地点：贵州省铜仁市梵净山
拍摄时间：2002年6月2日

**222**

# 新蝎蛉
*Neopanorpa* sp.

　　口器向下延伸。翅膜质有光泽，具黑色斑纹。雄虫腹部末端向背部弯曲状如蝎形，雌虫腹部正常。栖息于未被破坏的林地，在庇荫处寻找食物。在我国分布于贵州、云南等地。

蝎蛉科　Panorpidae
拍摄地点：贵州省铜仁市梵净山
拍摄时间：2002年6月2日

毛翅目
# TRICHOPTERA

# 褐纹石蛾
*Eubasilissa* sp.

　　毛翅目昆虫因翅面具毛而得名，成虫通称石蛾，幼虫通称石蚕。成虫外形似蛾，小到中型。复眼发达，单眼有或无；触角丝状，约等于体长。前翅略长于后翅，有的远长于身体，翅狭窄，翅面密布粗细不等的绒毛；休息时翅呈屋脊状覆于体背。成虫常见于溪水边，主要在黄昏和夜晚活动，白天隐藏于植物之中。幼虫生活于水中，能以丝或胶质分泌物黏合一些细枝碎叶、小沙砾等造成可以移动或固定的巢室，取食水流带来的食物。石蛾幼虫喜在清洁的水中生活，对水中的溶解氧较为敏感，并对某些有毒物质的忍受力较差，因而可用于水质的评估，现被应用为监测水质的指示种类之一。

石蛾科　Phryganeidae
拍摄地点：云南省保山市腾冲市大蒿坪
拍摄时间：1992年5月25日

**226**

# 横带长角纹石蛾
## *Macrostemum fastosum*

    体及翅黄色。前翅有中部和端部两条深褐色横带，中带较窄，端带较宽，有时端带较模糊。幼虫生活于清洁溪流。在我国分布于广西、云南、西藏、福建、安徽、浙江、广东、香港、台湾等地。

纹石蛾科　Hydropsychidae
拍摄地点：云南省保山市隆阳区潞江镇坝湾村
拍摄时间：1992年5月19日

**227**

# 鞘翅目
# COLEOPTERA

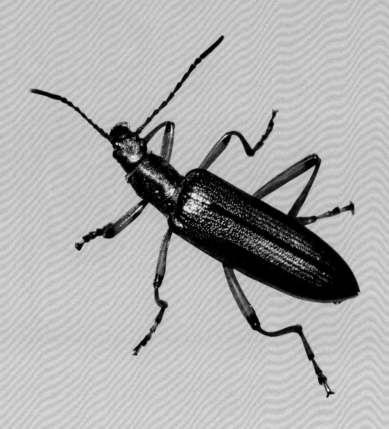

# 中国虎甲
## *Cicindela chinensis*

　　体长18～21 mm；身体具有强烈的金属光泽，头和前胸背板的前后缘绿色，中部金红或金绿色。鞘翅底呈无光泽的深蓝色，边缘翠绿色，中缝常具有红色光泽，距翅基约1/4处有1条金红色或金绿色宽横带；每翅一般有3个黄斑，翅肩部之下有1个小圆斑点，中部有1条斜横带，翅端部有1个椭圆形横斑。为捕食性昆虫，幼虫生活在土洞中。在我国各地均有分布。

虎甲科　Cicindelidae
拍摄地点：陕西省西安市周至县厚畛子镇
拍摄时间：1991年5月

# 角胸虎甲
*Pronyssiformia excoffieri*

　　体长约16 mm；体黄铜色带绿色光泽，腿黄色，靠近关节处深色。复眼强烈突出。前胸背板侧缘中部向外侧明显突出，形成一个圆钝的角。每鞘翅靠近翅缘处各具3个淡黄色无金属光泽区域，中部一个最大，三角形，黄色区域之间为深色极光洁的区域，靠近翅缘处具1列大刻点。相对少见的虎甲，偶尔见于山间小路，不善飞翔。在我国分布于四川、云南、福建、江西、湖北等地。

虎甲科　Cicindelidae
拍摄地点：贵州省遵义市绥阳县宽阔水国家级自然保护区
拍摄时间：2010年8月11日

## 瘤鞘步甲
*Carabus（Coptolalbrus）pustulifer*

　　体长约48 mm，体黑色或具华丽金属色彩，头顶及前胸背板具微糙
纹理。头长，明显隆起；触角短，自第5节起被毛。前胸背板明显宽于
头而窄于鞘翅；鞘翅极度隆起，翅面有瘤状突起形成主行距，瘤突间
断处平，次行距有小的圆状突组成，排列整齐。在我国分布于贵州、四
川、重庆、广西、云南、湖北、湖南等地。

步甲科　Carabidae
拍摄地点：贵州省铜仁市梵净山
拍摄时间：2002年5月31日

**232**

# 负泥虫
## Crioceridae

　　本科昆虫中型至大型，体长，有时具花斑，一些类群有金属光泽，十分艳丽。头部突出，稍窄于前胸背板或等宽，具明显的头颈部；成虫头形前口式，复眼发达；触角11节，丝状、棒状、锯齿状或栉状。前胸背板长大于宽，两侧无边框，在中部或基节收狭，背面较隆突，或前胸背板近似三角形；鞘翅长条形，盖及腹端，基节明显宽于前胸；部分类群鞘翅卵形，臀板或腹部末端数节背板外露；足较长，胫节端部常有距；后足腿节粗大，内侧具齿，胫节弯曲。第1腹节很长，为其余各节长度之和。

负泥虫科　Crioceridae
拍摄地点：贵州省遵义市绥阳县宽阔水国家级自然保护区
拍摄时间：2010年8月17日

# 红萤
Lycidae

　　成虫体长3～20 mm，体扁形，两侧平行；体红色，也有黄、黑等色。头下弯，复眼突出；触角11节，有丝状、锯齿状、栉状、羽状等。前胸背板呈三角形，多有发达的凹洼和隆脊所形成的网格；鞘翅细长，具发达的纵脊和刻点形成的网纹。成虫为昼行性，喜访花。幼虫生活于树皮内或朽木中，多为捕食性。一些种类的雌虫终生保持幼虫状态。在国内分布较广。

红萤科 Lycidae
拍摄地点：云南省保山市隆阳区潞江镇赧亢村
拍摄时间：2016年8月22日

**234**

# 花萤
## *Cantharis* sp.

　　花萤的头部呈方形或长方形，触角丝状，11节；前胸背板多为方形；鞘翅较为柔软，两侧接近平行，翅面一般无脊线。足部较发达，胫节端部生有强化的刺；腹部一般为9～10节。成虫和幼虫均为捕食性，多见于花草之间。我国大部分地区多见。

花萤科　Cantharidae
拍摄地点：甘肃省兰州市永登县连城林场
拍摄时间：1991年7月30日

## 尖歪鳃金龟
*Cyphochilus apicalis*

　　体长21～26 mm，体阔9.5～13 mm；近椭圆形，体上密被漆白色椭圆鳞片。前胸背板前后角皆钝角，后缘中部呈弧形明显向后弯；小盾片半圆形；鞘翅鳞片最宽大，鳞片密叠以至底色不露。在我国分布于贵州、广西、湖南、浙江、江西、福建等地。

金龟科　Scarabaeidae
拍摄地点：贵州省黔东南苗族侗族自治州雷山县方祥乡
拍摄时间：2005年6月4日

**236**

### 淡色牙丽金龟
*Kibakoganea dohertyi*

体长约25 mm，头部、前胸、鞘翅和足淡黄
色，带有少量红褐色斑点。上颚细长，弧形，非
常突出，红色并有深褐色线条。在我国分布于云
南等地。

金龟科 Scarabaeidae
拍摄地点：云南省保山市腾冲市大蒿坪
拍摄时间：1992年5月26日

# 格彩臂金龟
*Cheirotonus gestroi*

　　体长约60 mm，前胸背板古铜色，盘区前半部具粗刻点。鞘翅黑褐色，有许多不规则小黄斑，黄斑倾向形成类似于一条带与一列黄斑相间的花纹。雄虫前足胫节极度延长，具2枚向内突出的刺。幼虫栖息于大型朽木之内，成虫有趋光性。在我国分布于云南等地。

金龟科　Scarabaeidae
拍摄地点：云南省红河哈尼族彝族自治州屏边苗族自治县大围山
拍摄时间：2013年8月21日

**238**

# 素吉尤犀金龟
*Eupatorus sukkiti*

　　雄虫体长44～60 mm。体亮黑色，鞘翅黄褐色，中缝黑色。头顶具一细额角，基部1/3之后向背后方强烈弯曲。前胸背板具两对角。幼虫栖息于大型朽木之内，成虫为灯光所吸引。在我国分布于云南等地。

金龟科　Scarabaeidae
拍摄地点：云南省红河哈尼族彝族自治州屏边苗族自治县大围山
拍摄时间：2013年8月21日

## 疣侧裸蜣螂
*Gymnopleurus brahminus*

　　体暗黑色，触角鳃片部橘黄色。唇基扩大与眼上刺突合为一体，盖住口器。小盾片不见；后胸后侧片近月牙形，在背面可见；中足基节远远分开，后足胫节有2枚端距；鞘翅缘折在肩后宽阔，突然收狭。在我国分布于重庆、西藏、江苏、浙江、湖北、江西、福建、湖南等地。

金龟科　Scarabaeidae
拍摄地点：重庆市彭水苗族土家族自治县太原镇
拍摄时间：1989年7月12日

**241**

# 铜绿丽金龟
## *Anomala corpulenta*

　　体长16～22 mm，宽8.3～12 mm，体中型，长卵圆形。体背面铜绿色，头、前胸背板色泽明显较深，鞘翅色较淡而泛铜黄色。头大，头面布皱密刻点；触角9节。前胸背板大，侧缘略呈弧形，表面散布浅细刻点。在我国分布于四川、贵州等地。

丽金龟科　Rutelidae
拍摄地点：重庆市彭水苗族土家族自治县太原镇
拍摄时间：1989年7月9日

# 彩丽金龟
*Mimela* sp.

　　为丽金龟属的一种。身体宽椭圆形，后部膨阔，体背拱隆。头部较大，前胸背板横宽。鞘翅基部窄，到端部逐渐膨阔，背面刻点明显。胸部腹面有明显的腹突。

丽金龟科　Rutelidae
拍摄地点：云南省保山市隆阳区潞江镇坝湾村
拍摄时间：1992年5月20日

# 施彩丽金龟
*Mimela schneideri*

　　又名浅彩丽金龟。个体较大，体背黄绿色，周缘绿色。触角古铜色，鳃片部短于前数节之和；唇基大，略像矩形。前胸背板前缘、侧缘具边框；小盾片半圆形；鞘翅光滑，无任何脊纹。

丽金龟科　Rutelidae
拍摄地点：云南省保山市隆阳区潞江镇坝湾村
拍摄时间：1992年5月20日

# 斑喙丽金龟
*Adoretus tenuimaculatus*

　　上唇下方延伸似喙，使上唇呈"T"形。鞘翅背面有成列的白斑，翅端有白色鳞片组成的2个白斑。前足胫节外缘有3个齿，内缘距正常。成虫取食多种果木、蔬菜。在我国分布于四川、云南、广西、河北、山西、安徽、江苏、江西等地。

丽金龟科　Rutelidae
拍摄地点：重庆市武隆区火炉镇
拍摄时间：1989年7月7日

## 四带丽花金龟
*Euselates quadrilineata*

　　身体黑色，狭长。鞘翅、臀板、腹部和足均呈黄色，微带褐色或红褐色，鞘翅周缘黑色，散布黑斑和黄色绒斑。头面两侧各有1条黄色纵向绒带。前胸背板有4条间隔几乎相等的黄色纵带；小盾片有1条黄色绒带贯穿中央。取食槟榔、栎树等树木的花朵。在我国分布于云南、广西、西藏、湖北、江西、湖南、海南等地。

花金龟科　Cetoniidae
拍摄地点：湖北省恩施土家族苗族自治州咸丰县
拍摄时间：1989年7月17日

**246**

## 丽叩甲
*Campsosternus* sp.

　　体形狭长，身体表面具有浓烈的古铜色金属光泽，十分光亮，触角、跗节黑色。触角扁平，第4～10节略成锯齿状。前胸背板长宽近等，表面不突起，后缘略凹。鞘翅肩部凹陷，末端尖锐。

叩甲科　Elateridae
拍摄地点：云南省德宏傣族景颇族自治州瑞丽市弄岛镇等嘎村
拍摄时间：1992年6月7日

# 泥红槽缝叩甲
*Agrypnus argillaceus*

　　身体狭长，触角、足和腹面黑色，全身密被有茶色、红褐色或朱红色鳞片状短毛。额前缘拱出，中部向前略低凹；触角短，不达前胸基部。前胸背板中间纵向低凹，两侧拱出，两侧边波曲，两后角向外分开；鞘翅基部较宽，表面有明显的粗刻点行。主要生活在华山松和核桃等树上。在我国各地均有分布。

叩甲科　Elateridae
拍摄地点：云南省保山市隆阳区潞江镇坝湾村
拍摄时间：1992年5月20日

# 天目四拟叩甲

*Tetralanguria tienmuensis*

　　成虫多数为暗色种类，体狭长，末端尖削，略扁。头小，紧镶在前胸上；触角长，多为锯齿状。前胸背板后侧角突出成锐刺；前胸腹板中间有一尖锐的刺，嵌在中胸腹板的凹陷内；前胸和中胸间有关节，能有力地活动。当虫体被压住时，头和前胸能作叩头状的活动，以图逃脱；当处在反面位置时，前胸会急剧向后活动使全身弹跳起来，恢复正常的位置。

叩甲科　Elateridae
拍摄地点：贵州省铜仁市梵净山
拍摄时间：2002年6月2日

# 大卫两栖甲
*Amphizoidae davidi*

　　体长11～16 mm，黑色或黑褐色。头小，触角短，向后伸展时不超过前胸背板。鞘翅卵圆形，有不甚明显的刻点；足细长，无游泳毛，跗节式为5-5-5。腹部可见6节。生存于高山针阔混交林带寒冷溪流中，成虫、幼虫均半水生，捕食水中其他昆虫的幼虫。生境为高山冷水环境，分布狭窄，个体数量极为稀少，环境变化和生境减少是其主要致危因素。仅分布在我国四川省。

两栖甲科　Amphizoidae
中国保护等级：II级
拍摄地点：四川省卧龙国家级自然保护区
拍摄时间：2003年8月24日

# 七星瓢虫
*Coccinella septempunctata*

体长5～7 mm，体宽4～6 mm；体周缘卵形，背面强烈拱起，无毛。前胸背板黑色，两侧前半部具有近方形的黄色斑纹；鞘翅鲜红色，具7个黑斑，其中位于小盾片下方的黑斑被鞘缝分割成每边一半，其余每一鞘翅上各有3个黑斑。捕食大豆蚜、棉蚜、玉米蚜等。在我国分布较为广泛。

瓢虫科　Coccinellidae
拍摄地点：贵州省黔东南苗族侗族自治州雷山县
拍摄时间：2005年5月30日

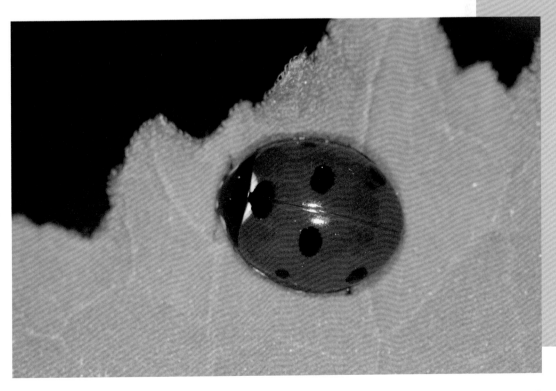

## 双斑盘瓢虫
*Lemnia biplagiate*

　　身体周缘圆形，头部黄色或黑色，前胸背板黑色，两侧各有一个浅黄色斑。鞘翅有明显的肩胛突，两个鞘翅中央都有一个橙红色的横斑。以多种蚜虫为食。在我国分布于重庆、广西、云南、西藏、浙江、江西、福建、台湾等地。

瓢虫科　Coccinellidae
拍摄地点：重庆市彭水苗族土家族自治县太原镇七跃山林场
拍摄时间：1989年7月9日

**253**

# 食植瓢虫
*Epilachna* sp.

　　食植瓢虫取食植物的叶子，有的喜欢豆角（豆科），有的喜欢茄子或马铃薯（茄科）等，也有些取食花粉。在植物叶子短缺的情况下，也会捕食蚜虫等。

瓢虫科　Coccinellidae
拍摄地点：贵州省铜仁市梵净山
拍摄时间：2002年6月2日

# 异色瓢虫
*Harmonia axyridis*

　　体长5.4～8.0 mm，宽3.8～5.2 mm，体卵圆形。雄性具白色唇基，雌性黑色。前胸背板和鞘翅上的斑纹多变；鞘翅基色浅色或黑色，浅色型每一鞘翅上最多9个黑斑和合在一起的小盾斑，这些斑点可部分或全部消失，出现无斑、2斑、4斑、6斑、9～19个斑等，或扩大相连等；黑色型常每一鞘翅具2或4个红斑，红斑可大可小；大多数个体在鞘翅末端7/8处具1个明显的横脊。可捕食多种蚜虫、蚧虫、木虱、蛾类的卵及小幼虫、叶甲幼虫等，也会捕食食蚜蝇幼虫等。在我国分布广泛。

瓢虫科　Coccinellidae
拍摄地点：贵州省黔东南苗族侗族自治州雷山县
拍摄时间：2005年5月30日

浅色型

浅色型

浅色型

深色型

## 福运锹甲
### *Lucanus fortunei*

　　身体狭长，褐色至暗褐色；鞘翅微带红色，腿节中间为黄褐色。雄虫头背面平，密布颗粒和刻点，两前角上的棱角向外弯翘；上颚长而向内弯，前端有小齿数枚，2个较大的，1个在近顶端指下方，另1个位于中前部内缘。前足胫节外缘有4～5个齿，中、后足外缘各有2个相似的齿。在我国分布于云南、辽宁、浙江、湖北、江西、湖南、福建等地。

锹甲科　Lucanidae
拍摄地点：云南省保山市腾冲市大蒿坪
拍摄时间：1992年5月26日

**256**

# 西光胫锹甲
*Odontolabis sira*

全身黑色漆亮。触角10节，第1节的长度为其他9节之和；头较宽，眼前圆，眼后两侧有向外扩且向前弯的角突。前胸背板前侧角钝，其余侧角尖锐，侧角和后角间强烈内弯；鞘翅稍狭长；足粗壮，前足胫节扁宽，外缘有3～5个齿。在我国分布于云南、湖北、福建、广东、广西、湖南等地。

锹甲科　Lucanidae
拍摄地点：湖北省恩施土家族苗族自治州利川市星斗山
拍摄时间：1989年7月25日

**257**

# 水叶甲
## Donaciinae

　　体细长，带金属光泽。头前口式，比前胸狭；触角着生位置互相接近。前胸四方形；鞘翅阔，有10列点刻。幼虫水生。

叶甲科　Chrysomelidae
拍摄地点：贵州省铜仁市梵净山
拍摄时间：2002年5月29日

# 长毛天牛
*Arctolamia villosa*

　　体形宽厚，黑色，大部分被泥黄色细毛。触角柄节第3～7节基部被泥黄色细毛，第3～5节各节端部生有黑色毛簇。前胸背板中区细毛较少，鞘翅无斑纹，其上有很长的棕黄色竖毛，杂有稍短的黑色竖毛，基部有许多粗颗粒，可与其他种相区别。在我国分布于云南等地。

天牛科　Cerambycidae
拍摄地点：云南省保山市腾冲市猴桥镇黑泥塘
拍摄时间：1992年5月31日

# 黄纹刺楔天牛
*Thermistis xanthomelas*

　　体长23～30 mm；体黑色，腹面大部分被黄色绒毛，背面被黄色绒毛斑。头黑色，额区密被黄色绒毛。鞘翅具3条黄色横带，分别位于基部小盾片之后（通常波浪形）、中部（微斜形横带）和翅端，鞘翅黄斑变化较大，尤其是中部之后的斜带常常缺失。在我国分布于贵州、广西、云南、福建、海南等地。

天牛科　Cerambycidae
拍摄地点：贵州省遵义市赤水市葫市镇金沙村
拍摄时间：2000年6月5日

**262**

# 竿天牛
*Pseudocalamobius* sp.

　　体形细小狭长，竿状。头部不显著，俯向下后方；触角基瘤很突出，但不很靠拢；触角11节，很长；额梯形；复眼不分裂，仅内缘深凹。前胸较鞘翅稍狭，长不超过宽的1.5倍。

天牛科　Cerambycidae
拍摄地点：湖北省恩施土家族苗族自治州利川市星斗山
拍摄时间：1989年7月25日

**263**

# 黄桷粉天牛
*Olenecamptus bilobus gressitti*

　　体赤褐色，腹面暗黑色。头部厚被白色毛斑，后头前胸及鞘翅背面被灰黄色细毛。前胸背板后缘中央两侧各具一小三角形白毛斑，有时不显著。鞘翅各具3个卵形白色毛斑，基部的毛斑前端紧接在小盾片之后，左右两个前端接近后端叉开，内缘较直，外缘半圆形；第二个位于第一个后面的翅中央稍外，较小而略圆；第三个最大，卵圆形，位于翅后半部中央，左右两个几乎平行。在我国分布于云南、四川等地。

天牛科　Cerambycidae
拍摄地点：云南省保山市隆阳区潞江镇坝湾村
拍摄时间：1992年5月20日

# 黄星天牛（桑黄星天牛）
## *Psacothea hilaris*

　　体基色黑色，全身密被深灰色或灰绿色绒毛，并饰有杏仁黄色或麦秆黄色的绒毛斑纹，好像涂点的油漆。触角褐黑色，第4～11节基部密被白色绒毛，显得黑白相间。寄主为桑、无花果、油桐等。在我国分布于广西、四川、贵州、北京、河北、河南、山西、甘肃、江苏、安徽、浙江、湖北、江西、湖南、福建、台湾、广东、海南等地。

天牛科　Cerambycidae
拍摄地点：广西壮族自治区崇左市
拍摄时间：2014年9月20日

# 绿绒星天牛
*Anoplophora beryllina*

体长13～20 mm；体色基底为黑色，被覆淡蓝色或淡绿色绒毛。触角和足略带灰蓝色绒毛，触角从第三节起各节端部被黑色。每个鞘翅均有6～7行黑色小斑点，每行3～5个。寄主植物为栎属。在我国分布于云南、广西、台湾等地。

天牛科　Cerambycidae
拍摄地点：云南省保山市腾冲市
拍摄时间：1992年6月1日

**266**

# 细条并脊天牛
*Glenea sauteri*

　　体长约13 mm；体宽约4 mm；略狭长，深黑色，略具光泽。额、颊、复眼周缘具白毛，头顶在复眼之间有2条白色纵纹，复眼后各有一条白色短纵条纹。前胸具5条白色纵条纹，小盾片具白毛，每个鞘翅具4条白绒毛纵条纹及2个斑点。在我国分布于云南、台湾等地。

天牛科　Cerambycidae
拍摄地点：云南省保山市隆阳区潞江镇坝湾村
拍摄时间：1992年5月20日

# 锈色粒肩天牛
*Apriona swainsoni*

　　体长28～31 mm，体宽9～11 mm；体黑褐色，全体密被铁锈色绒毛。鞘翅上散布不规则白色细毛斑，翅基1/5处密布黑色光滑颗粒，翅表面散布细刻点。寄主植物为云实（贵州俗名阎王刺），文献记载的还有紫铆、黄檀和三叉蕨。在我国分布于湖北、贵州、四川、河南、江苏、福建等地。

天牛科　Cerambycidae
拍摄地点：湖北省恩施土家族苗族自治州咸丰县清坪镇
拍摄时间：1989年7月21日

# 皱胸粒肩天牛
*Apriona rugicollis*

　　体长31～47 mm；体黑色，一般背面青棕色，腹面棕黄色。前胸背板前后横沟之间有不规则的横皱或横脊线，中央后方两侧，侧刺突基部及前胸侧面均有黑色光亮的隆起刻点；鞘翅基部密布黑色光亮的瘤状颗粒，占全翅1/4～1/3的区域。我国大部分地区均有分布。

天牛科　Cerambycidae
拍摄地点：云南省保山市隆阳区潞江镇坝湾村
拍摄时间：1992年5月20日

# 金梳龟甲
*Aspidomorpha dorsata*

　　体圆形，活虫具有强烈的金属光泽，死后失去光泽，呈黄色至棕褐色。鞘翅表面有很多不规则的凹坑或瘤状突起，近中部强烈隆起呈圆锥状。寄主植物为番薯、柚木。在我国分布于云南、广西、四川、湖南、福建、广东、海南等地。

铁甲科　Hispidae
拍摄地点：云南省保山市隆阳区潞江镇坝湾村
拍摄时间：1992年5月23日

**270**

## 锯龟甲
*Basiprionota* sp.

　　体长15 mm左右；椭圆形，淡黄色；前胸背板向外延展，鞘翅背面隆起，两侧向外扩展，形成明显的边缘，近末端1/3处各有一个大的椭圆形黑斑。

铁甲科　Hispidae
拍摄地点：贵州省铜仁市梵净山
拍摄时间：2001年5月30日

**271**

# 西南锯龟甲
*Basiprionota pudica*

体椭圆形，前窄后宽，最宽处在鞘翅敞边中后部长形黑斑处。触角末端2节黑色。后胸腹板大部分黑色。腹部2～4节各有1条横向黑色大斑。幼虫取食枫香属和腐婢属植物。在我国分布于广西、四川、贵州、云南、湖北等地。

铁甲科　Hispidae
拍摄地点：湖北省恩施土家族苗族自治州利川市星斗山
拍摄时间：1989年7月22日

# 台龟甲
*Taiwania* sp.

　　成虫体长约5 mm，体圆形，灰黄色，背面强烈拱隆。前胸背板及鞘翅敞边透明，前胸背板盘区具黑色斑纹，鞘翅盘区黑色，其间隆起不规则的脊黄褐色。在我国分布于贵州、云南等地。

铁甲科　Hispidae
拍摄地点：贵州省黔东南苗族侗族自治州雷山县雷公山莲花坪
拍摄时间：2005年6月3日

# 绿斑麻龟甲
*Epistictina viridimaculata*

　　体形卵圆，前胸背板有粗密刻点。头及前胸背板蓝黑色，鞘翅棕红色，密布细小刻点和9个色斑，斑色有紫黑、紫蓝、墨绿以及铜色；鞘翅敞边窄；腹面的颜色为棕红至全部黑色。在我国分布于云南、广西、贵州等地。

铁甲科　Hispidae
拍摄地点：云南省德宏傣族景颇族自治州瑞丽市弄岛镇等嘎村
拍摄时间：1992年6月7日

**275**

# 石梓翠龟甲
*Craspedonta leayana*

　　成虫体长11～14 mm，体椭圆形。前胸背板棕黄色至棕褐色，长方形，具明显边框；鞘翅铜色至深蓝色，带有些许金属光泽，粗糙，具条脊和大刻点。典型的热带种类，取食石梓属植物。在我国分布于云南、海南等地。

铁甲科　Hispidae
拍摄地点：海南省琼中黎族苗族自治县
拍摄时间：1997年5月下旬

**276**

# 瘤卷象
*Phymatapoderus* sp.

　　体长约5 mm，头、足、腹部黄色，前胸背板、鞘翅、胸部腹面蓝黑色。头短且圆，触角很短，端部略膨大，鞘翅肩部隆起，表面有成排的细小凹凸。在我国分布于广西、重庆等地。

卷象科　Attelabidae
拍摄地点：广西壮族自治区崇左市扶绥县岜盆乡
拍摄时间：2014年8月1日

# 淡灰瘤象
*Dermatoxenus caesicollis*

　　体长12～15 mm；体壁黑色，密被淡黄色至淡灰黑色圆形鳞片，散布半倒伏披针形鳞片。触角棒节无鳞片，而密被灰褐色短毛；喙长大于宽；额宽大于触角间距离；复眼近椭圆形，凸起明显。前胸背板至鞘翅前1/3处有三角形黑色斑纹；前胸背板中沟深，两侧缘具浅宽的凹陷；鞘翅中后部具有明显的瘤状突起。在我国分布于贵州、广西、四川、重庆、安徽、江苏、浙江、江西、台湾等地。

象甲科　Curculionidae
拍摄地点：贵州省遵义市绥阳县宽阔水国家级自然保护区
拍摄时间：2010年8月11日

**278**

# 筛孔二节象
*Aclees cribratus*

　　雄虫体长13～15 mm，雌虫体长16.0～17.5 mm。体黑色，有光泽，背面零散被覆很细的黄毛；腹面的毛略密。头部散布很小而稀疏的刻点；前胸背板宽大于长，散布明显的皱而大的刻点，前端散布零散的小刻点，小盾片三角形，具少数小刻点。在我国分布于四川、广西、云南、浙江、福建等地。

象甲科　Curculionidae
拍摄地点：重庆市彭水苗族土家族自治县太原镇
拍摄时间：1989年7月12日

# 广西灰象
*Sympiezomias guangxiensis*

　　体长约10 mm，体背面密被白色或淡黄色鳞片，前胸和鞘翅两侧及腹面有铜色或淡绿色光泽。前胸背板顶区散布较小而扁的颗粒；鞘翅背面强烈隆突；中带很明显。取食油橄榄、油菜等。在我国分布于广西、重庆等地。

象甲科　Curculionidae
拍摄地点：重庆市武隆县火炉镇万丰村
拍摄时间：1989年7月7日

**280**

# 淡绿丽纹象
*Myllocerinus vossi*

　　体形较小，仅约5 mm。头长大于宽；触角柄节细长，超过前胸前缘。体背密被黑绿色纵横2种斑纹；前胸背板有2条纵黑纹；鞘翅有纵横交织的黑绿网状纹；足大部分被绿色鳞片。在我国分布于云南、四川、江苏、江西、广东等地。

象甲科　Curculionidae
拍摄地点：云南省保山市腾冲市猴桥镇黑泥塘
拍摄时间：1992年5月29日

**281**

# 黑额光叶甲
*Smaragdina nigrifrons*

　　体长6.5～7 mm，宽约3 mm，长方至长卵形。头漆黑。前胸红褐色或黄褐色，后者具2条黑色宽横带，一条在基部，一条在中部以后；前胸背板隆突，光滑无刻点，后角明显突出而平展，与鞘翅基部密接；小盾片宽三角形，长宽相等，平滑无刻点；鞘翅刻点稀疏，不规则排列。雄虫除腹面基本为红褐色外，前足胫、跗节亦明显较雌虫粗壮。寄主植物包括白茅属、蒿属、栗属、榛属等。在我国分布于贵州、广西、四川、辽宁、河北、北京、陕西、山西、河南、江苏、安徽、浙江、湖北、湖南、福建、广东、台湾等地。

肖叶甲科　Eumolpidae
拍摄地点：贵州省遵义市绥阳县宽阔水国家级自然保护区
拍摄时间：2010年8月17日

# 朽木甲
Alleculidae

体卵圆形，光滑，黄、褐或黑色。幼虫对植物根部及整体发育有危害，成虫对植物具有传粉作用。

朽木甲科　Alleculidae
拍摄地点：云南省保山市腾冲市猴桥镇
拍摄时间：1992年6月1日

# 黄朽木甲
*Cteniopinus hypocrita*

　　体长11～14 mm，体色为鲜黄色至橙黄色，触角、胫节、跗节黑色。鞘翅长而向背部隆起，基部稍宽于前胸背板，到端部逐渐收窄，翅面有排列整齐的纵沟，沟底有同向排列的细小刻点。我国长江以南各地均有分布。

朽木甲科　Alleculidae
拍摄地点：湖北省恩施土家族苗族自治州咸丰县清坪镇
拍摄时间：1989年7月21日

# 毛角豆芫菁
*Epicauta hirticornis*

　　成虫体长11.5～21.5 mm，头红色，体表被黑色细毛，前足的腿节和胫节被灰白色毛。触角丝状细长。足细长，前足第一跗节柱状。寄主植物为花生、红薯、茄子等植物叶子，幼虫捕食稻蝗的卵块。在我国分布于贵州、广西、四川、云南、西藏、河南、福建、台湾、海南、广东等地。

芫菁科　Meloidae
拍摄地点：贵州省黔东南苗族侗族自治州雷山县小丹江苗寨
拍摄时间：2005年5月31日

# 蓝胸圆肩叶甲
*Humba cyanicollis*

　　体长10～15 mm，身体蓝紫色，鞘翅淡棕红色。触角基部6节铜绿色，末端4节黑色。鞘翅刻点多数排列无序，每翅有3条无刻点纵区，纵区两侧刻点明显成行。在我国分布于贵州、广西、四川、云南、西藏、湖北、湖南、广东等地。

叶甲科　Chrysomelidae
拍摄地点：贵州省遵义市绥阳县宽阔水国家级自然保护区
拍摄时间：2010年8月13日

# 考氏凹翅萤叶甲
*Paleosepharia kolthoffi*

　　体色以黄色、蓝色、黑色、绿色较多见，也有红色、橙色、橙红色等色型，部分属种有金属光泽。头部一般外露，向前下方伸出；触角11节，多数为丝状，少数为棒状或锤状。前胸背板一般宽于头部。

叶甲科　Chrysomelidae
拍摄地点：贵州省遵义市绥阳县宽阔水国家级自然保护区
拍摄时间：2010年8月17日

# 丝殊角萤叶甲
## *Agetocera filicornis*

体蓝紫色，头部及前胸背板红褐色，触角、鞘翅、胫节端半部及跗节黑色。触角1～3节、腹面、足腿节及胫节基半部为黄色。取食乌蔹莓。在我国分布于贵州、广西、四川、浙江、湖北、湖南、江西、福建等地。

叶甲科　Chrysomelidae
拍摄地点：贵州省遵义市绥阳县宽阔水国家级自然保护区
拍摄时间：2010年8月11日

# 斑翅粗角跳甲
*Phygasia ornata*

　　体形较小，长椭圆形。最重要的特征是后足腿节十分膨大，具有跳器。

叶甲科　Chrysomelidae
拍摄地点：贵州省遵义市绥阳县宽阔水国家级自然保护区
拍摄时间：2010年8月10日

# 鱗翅目
# LEPIDOPTERA

# 碧凤蝶
*Papilio bianor*

　　翅面黑色，雄蝶前翅端半部灰黑色较淡，臀角附近有浅褐色横斑；后翅亚外缘有6个淡红色波状斑，臀角处有1个半圆形淡红色斑，正面具金属光泽的绿色鳞片扩散较广。在我国分布于贵州、重庆、西藏、河南、陕西、甘肃等地。

凤蝶科　Papilionidae
拍摄地点：贵州省遵义市绥阳县宽阔水国家级自然保护区
拍摄时间：2010年8月16日

**292**

# 达摩凤蝶
*Papilio demoleus*

　　黄黑相间的无尾凤蝶，翅面浅黑色，前翅基部有许多浅黄色点，其余翅面布有浅黄色斑。在我国分布于广西、云南、浙江、福建、广东、香港、海南、台湾等地。

凤蝶科　Papilionidae
拍摄地点：云南省保山市隆阳区潞江镇坝湾村
拍摄时间：1992年5月22日

雄蝶

294

# 玉带凤蝶
*Papilio polytes*

翅展95～100 mm。雄蝶前翅外侧有1列白斑排成带状，近臀角处较大；后翅外缘呈波浪状，有尾突，翅中部有黄白色斑7个；后翅腹面凹陷处有橙色点，亚外缘有1列橙色新月形斑，翅中部也有1列白横斑。雌蝶有两型：白带型，后翅有外缘斑似雄蝶腹面，翅中域有6个白斑，近后缘有2个红色斑；赤斑型，后翅中域无白斑，有2个长形小蓝斑，近后缘有2个长形大红斑。在我国分布于广西、贵州、云南、重庆、西藏、河北、河南、山西、山东、安徽、湖北、湖南、江西、浙江、福建、甘肃、广东、香港、台湾等地。

凤蝶科　Papilionidae
拍摄地点：广西壮族自治区崇左市
拍摄时间：2014年9月19日

雌蝶

# 裳凤蝶
*Troides helena*

　　翅展110～140 mm，前翅黑色，后翅金黄色。与金裳凤蝶近似，区别在于雄蝶后翅正面近臀角处外缘黑斑的内侧没有散布的黑色鳞，雌蝶后翅的外缘斑和亚外缘斑多少有些相连。经常沿山路飞翔或在山谷间盘旋，也常在地面积水处吸水。在我国分布于云南、广东、香港、海南等地。

凤蝶科　Papilionidae
濒危野生动植物种国际贸易公约（CITES）：附录 II
拍摄地点：广东省深圳市
拍摄时间：2008年7月5日

**296**

## 绿带燕尾凤蝶
### *Lamproptera meges*

　　前翅三角形，周缘黑色，端半部透明，翅脉黑色，翅中域有
1条黑带，带两侧有翠绿色或粉蓝色斜带；后翅窄，能折叠，尾突
很长。胸、腹均浅蓝色，腹部各节腹面有黑斑。成虫一般沿着林
中小溪地域飞行，飞行时常常前冲或后退。在我国分布于云南、
广西、广东、海南等地。

凤蝶科　Papilionidae
拍摄地点：云南省德宏傣族景颇族自治州瑞丽市畹町镇
拍摄时间：1992年6月10日

**298**

## 青凤蝶
*Graphium sarpedon*

　　无尾突，前翅只有1列与外缘平行的蓝绿色斑形成蓝色宽带，此外没有任何中室斑及亚外缘斑，据此可与同属其他蝶种区分。飞行迅速，访花，常见于水边吸水及在树冠处快速飞翔。为常见凤蝶。在我国分布于华南、西南、中南、华东等地区。

凤蝶科　Papilionidae
拍摄地点：广西壮族自治区崇左市扶绥县岜盆乡
拍摄时间：2014年8月1日

# 黑纹粉蝶
*Pieris erutae*

　　正反面前后翅的翅脉都为暗色或黑色，春型个体反面黑纹更加粗大。斑纹不清晰，后翅反面中室内常有纵向的线纹。常访花，多在山区的林间或林间开阔地活动。在我国分布于华东、西南、中南等地区。

粉蝶科　Pieridae
拍摄地点：云南省保山市隆阳区潞江镇郝亢村
拍摄时间：2015年8月22日

# 鹤顶粉蝶
*Hebomoia glaucippe*

　　雄蝶翅面白色，前翅前缘和外缘黑色，从前缘1/2至近后角有略呈齿状的黑色斜纹围住顶部赤橙色斑，此斑被黑色脉纹分割，斑内各室有1列黑色箭头纹。雌蝶翅面淡黄色，前翅顶端斑纹同雄蝶；后翅外缘、亚缘各有1列箭状黑色斑。翅反面前翅端半部和后翅布满褐色细纹。在我国分布于广西、云南、广东、福建、台湾等地。

粉蝶科　Pieridae
拍摄地点：马来西亚吉隆坡
拍摄时间：2007年6月29日

**302**

# 大翅绢粉蝶
*Aporia largeteaui*

　　翅淡乳黄色，脉纹及两侧黑色，前翅脉纹特别粗大，且越近外缘越宽；后翅脉纹黑色不如前翅发达，脉端有较小的三角形斑。反面前翅周缘均具黑色细边，脉纹较正面的细小；后翅肩区有1枚深黄色的斑。在我国分布于重庆、贵州、四川等地。

粉蝶科　Pieridae
拍摄地点：重庆市武隆区东山菁
拍摄时间：1989年7月5日

# 大绢斑蝶
*Parantica sita*

　　翅面基半部灰白色，半透明，前翅前缘、外缘、后缘、顶角区、翅脉及端部一般为黑色，内有放射状灰白色斑纹；后翅的前缘、外缘、臀区及脉纹棕褐色。有迁飞习性，能飞越海洋。在我国分布于贵州、四川、云南、西藏、广西、陕西、浙江、江西、福建、广东、海南、台湾等地。

斑蝶科　Danaidae
拍摄地点：贵州省遵义市绥阳县宽阔水国家级自然保护区
拍摄时间：2010年8月13日

**304**

# 虎斑蝶
*Danaus genutia*

　　体长23～29 mm，翅展73～78 mm。翅面底色橙黄色或橙红色，前翅前缘、端半部、后缘及翅脉均黑褐色，亚端部有5枚大白色斑，附近有几个小白色点；后翅外缘和翅面黑褐色，其中有2列小白色点，内侧有时不明显。翅反面色彩与正面类似，但翅外缘的2列小白色点更明显，雄蝶黑色斑的中心白色。在我国分布于贵州、四川、云南、西藏、广西、河南、浙江、江西、福建、广东、海南、台湾等地。

斑蝶科　Danaidae
拍摄地点：贵州省遵义市绥阳县宽阔水国家级自然保护区
拍摄时间：2010年8月15日

## 箭环蝶
*Stichophthalma howqua*

　　大型种类，翅展98～110 mm。翅正面橙黄色，前翅顶角黑色或黑褐色，外缘有1条褐色细线，其下各脉间有1个黑斑。翅反面略带红色，前后翅中央有2条黑褐色波形横纹，前翅2横纹间有"S"形纹，沿翅中央各有5个黑褐色眼斑，圆斑内侧有2个暗褐色线纹。多见于丘陵地带，在林下灌木、草丛中穿梭飞行，常于黎明或傍晚在林间活动。在我国分布于四川、广西、贵州、云南、西藏、重庆、陕西、湖北、浙江、江西、福建、广东、海南、台湾等地。

环蝶科　Amathusiidae
拍摄地点：重庆市彭水苗族土家族自治县太原镇
拍摄时间：1989年7月12日

**307**

## 亮灰蝶
*Lampides boeticus*

　　雄蝶翅正面紫褐色，前翅外缘褐色；后翅前缘与顶角暗灰色，臀角处有2枚黑斑。雌蝶前翅基后半部与后翅基部青蓝色，其余暗灰色；后翅臀角处有2枚清晰的黑斑，外缘各翅室的淡褐色斑隐约可见。前翅反面灰白色，有许多条白色细线和褐色带组成的波状纹；后翅反面亚外缘有1条醒目的白色宽横带，这是本种的一个重要特征。在我国分布于贵州、云南、北京、河南、浙江、福建、江西、陕西等地。

灰蝶科　Lycaenidae
拍摄地点：贵州省黔东南苗族侗族自治州雷山县
拍摄时间：2005年5月30日

# 琉璃灰蝶
*Celastrina argiola*

　　翅正面青蓝色，翅脉白色；前翅外缘黑带前宽后窄，后翅前缘黑带较宽，外缘黑带较窄，外缘带内侧镶有黑点。翅反面灰白色，翅外缘黑点列大小均匀。幼虫取食蚕豆、胡枝子、山绿豆等。在我国各地均有分布。

灰蝶科　Lycaenidae
拍摄地点：重庆市武隆县火炉镇
拍摄时间：1989年7月4日

# 摩来彩灰蝶
*Heliophorus moorei*

　　雄蝶翅面金属蓝紫色，前翅外缘和前缘黑褐色；后翅前缘和外缘蓝紫色，近尾突处有橙黄色的波纹状斑纹。

灰蝶科　Lycaenidae
拍摄地点：贵州省黔东南苗族侗族自治州雷山县
拍摄时间：2005年5月30日

**310**

# 豆粒银线灰蝶
*Spindasis syama*

本种与其他银线灰蝶属种类的区别在于：后翅反面1室内的亚基部斑点不与其上侧的亚基斑融合，也不沿翅脉向外缘扩散伸展。前翅反面基斑不到前缘。喜访花，多在林区活动。在我国分布于华东、华南、中南、西南等地区。

灰蝶科　Lycaenidae
拍摄地点：马来西亚吉隆坡。
拍摄时间：2007年6月29日。

**311**

# 雅灰蝶
*Jamides bochus*

　　雄蝶翅面黑色，前翅基半部及后翅大部分蓝紫色，具金属光泽。雌蝶翅面浅蓝色，无金属光泽；后翅可见外缘白线及内侧的黑斑列。前翅反面灰褐色，有多条灰色波状纹；后翅有一大黑圆斑，外围有橙色弧，臀角处有一小黑斑，其内侧有橙色线，尾突黑色纤细，末端白色。在我国分布于贵州、广西、云南、广东、海南、江西、浙江、福建、台湾等地。

灰蝶科　lycaenidae
拍摄地点：贵州省遵义市绥阳县宽阔水国家级自然保护区
拍摄时间：2010年8月17日

# 银灰蝶
*Curetis bulis*

　　近似尖翅银灰蝶，区别在于：本种斑纹稍宽，后翅斑纹通常呈"C"字形，顶角尖但不很突出。多见于林区边缘，喜在地面吸水。在我国分布于云南、广西等地。

灰蝶科　lycaenidae
拍摄地点：马来西亚吉隆坡
拍摄时间：2007年6月29日

**313**

# 德拉彩灰蝶
*Heliophorus delacouri*

　　与烤彩灰蝶极为近似，区别在于：本种雄蝶后翅正面蓝斑的边界，从外缘的第4脉位置斜向达到第6脉1/3处，前翅反面亚外缘小黑点列斜向后角，后翅反面基部外侧的小黑点时常退化。本种与浓紫彩灰蝶的区别是本种雄蝶正面的蓝斑特别宽大。在我国分布于云南、广东等地。

灰蝶科　lycaenidae
拍摄地点：云南省文山壮族苗族自治州麻栗坡县
拍摄时间：2018年4月24日

## 白钩蛱蝶
*Polygonia c-album*

　　前翅正面中室内有2个黑斑，后翅反面中室端部的白色钩纹较长。最普通的蛱蝶之一，常见于我国多地，分布于东北、华北、华东、中南、西南等地区。

蛱蝶科　Nymphalidae
拍摄地点：广西壮族自治区崇左市扶绥县
拍摄时间：2014年8月1日

**315**

## 翠蓝眼蛱蝶
*Junonia orithya*

    雄蝶前后翅基部浓黑色，后翅室蓝色；前后翅各有2枚眼斑，外绕灰黄色。雌蝶色淡，眼斑比雄蝶大而醒目。在我国分布于贵州、云南、广西、陕西、河南、湖北、湖南、浙江、江西、福建、广东、香港、台湾等地。

蛱蝶科　Nymphalidae
拍摄地点：贵州省遵义市绥阳县宽阔水国家级自然保护区
拍摄时间：2010年8月15日

**317**

# 银豹蛱蝶
*Childrena childreni*

　　翅面橙红色，后翅有宽阔的灰蓝色区域；翅反面、前翅顶角区黄褐色，有白色条纹形成的缺环，后翅灰绿色，有4～5条银白色纵横交错的网状纹。成虫生活于高海拔的灌木林边缘的草坡地，喜欢访花。分布于我国大部分地区。

蛱蝶科　Nymphalidae
拍摄地点：重庆市酉阳土家族苗族自治县青华林场
拍摄时间：1989年7月16日

# 枯叶蛱蝶
*Kallima inachus*

　　翅展85～110 mm。翅褐色或紫褐色，有藏青色光泽；翅反面呈枯叶色，静止时双翅合拢极似枯叶，是著名的拟态昆虫。在我国分布于华东、中南、华南、西南等地区。

蛱蝶科　Nymphalidae
拍摄地点：云南省保山市腾冲市猴桥镇
拍摄时间：1992年6月1日

# 丽蛱蝶
*Parthenos sylvia*

　　大型蛱蝶，正面金属绿色为主，前翅尖锐，中带上与中室内有多种形状白斑分布；后翅在第4脉上折角明显，亚缘脉间有被黄白色线纹围着的三角形黑斑。常见于林区的开阔地带。在我国分布于云南、贵州等省以及华南地区。

蛱蝶科　Nymphalidae
拍摄地点：云南省红河哈尼族彝族自治州河口瑶族自治县花鱼洞
拍摄时间：2013年8月17日

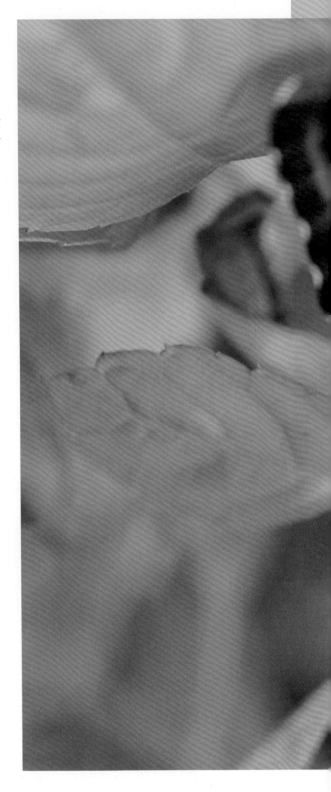

# 虬眉蛱蝶
*Athyma opalina*

　　中小型蝴蝶。前翅正面中室内有清晰的白色带状条纹，且被深色翅脉穿过而呈断裂状。在我国分布于广西、云南、贵州、广东、福建、海南、香港等地。

蛱蝶科　Nymphalidae
拍摄地点：贵州省遵义市绥阳县宽阔水国家级自然保护区
拍摄时间：2010年8月13日

**322**

# 散纹盛蛱蝶
*Symbrenthia lilaea*

　　翅面棕黑色，斑纹橙黄色，前翅中室1条橙黄色纵带伸至中域，顶角有一小斑；后翅外中带与内中带较宽。翅反面黄色，布满灰黄色斑纹。在我国分布于贵州、广西、云南、福建、海南、江西、台湾等地。

蛱蝶科　Nymphalidae
拍摄地点：贵州省遵义市绥阳县宽阔水国家级自然保护区
拍摄时间：2010年8月15日

# 素饰蛱蝶
*Stibochiona nicea*

　　雄蝶正面黑色，带有蓝色色调，雌蝶色泽较淡且带有绿色色调。前翅外缘有1列整齐的小白斑；亚外缘有1列小白点；两列白点之间有1列蓝色弧纹线；中室内有3条蓝白色横线；后翅外缘有1列白色月牙斑，其内侧有1列黑点和蓝边。翅反面棕黑色，斑点同正面。在我国分布于四川、重庆、云南、西藏等地及华东、中南地区。

蛱蝶科　Nymphalidae
拍摄地点：四川省青城山
拍摄时间：2003年8月27日

**324**

# 大二尾蛱蝶
*Polyura eudamippus*

　　大型蛱蝶，翅面乳白色，前翅中室至前缘、亚外缘以及基部黑色，在亚外缘有两列白斑，中室端1个白斑，中室外2个白斑；后翅亚外缘带黑褐色，内有1列三角形白斑和1列蓝斑。翅反面中室附近有棕黑色"Y"形纹。在我国分布于华东、华南、中南、西南等地区。

蛱蝶科　Nymphalidae
拍摄地点：云南省保山市隆阳区潞江镇坝湾村
拍摄时间：1992年5月23日

# 二尾蛱蝶
*Polyura narcaea*

翅淡绿色，双翅都具有黑色外中带，前翅外中带与外缘之间有1列略微相连的淡绿色圆斑，后翅外中带至外缘部分为宽阔连贯的淡绿色区。是常见的蛱蝶，喜欢取食腐烂的水果及动物粪便等。在我国分布于东北、华北、华东、华南、中南、西南等地区。

蛱蝶科　Nymphalidae
拍摄地点：湖北省恩施土家族苗族自治州利川市星斗山
拍摄时间：1989年7月24日

## 琉璃蛱蝶
*Kaniska canace*

翅面黑褐色，以黑色底色和蓝色中带为主，翅外缘呈弧状凹入；两翅外中区贯穿1条蓝色宽带，其中前翅亚顶处分叉呈"Y"形，后翅蓝色带内具1列黑斑。翅反面基半部深黑褐色，端半部为浅黑褐色，后翅中室内有1个白点。常见于林区路边，有追逐行为。在我国分布于西南、东北、华北、华东、中南等地区。

蛱蝶科　Nymphalidae
拍摄地点：海南省五指山
拍摄时间：1997年6月上旬

**327**

# 斑星弄蝶
*Celaenorrhinus maculosa*

　　前翅正面近基部有一个小白斑，中域的白斑距离较近但不连成带状。后翅正面黄斑发达，反面近基部有放射状黄色斑。是我国南方较常见的弄蝶，分布于贵州、台湾等地。

弄蝶科　Hesperiidae
拍摄地点：贵州省遵义市绥阳县宽阔水国家级自然保护区
拍摄时间：2010年8月1日

# 黑边裙弄蝶
*Tagiades menaka*

　　翅面黑色，前翅亚顶区5个小白点排成"S"形，中室端及上方各有1个小白点；后翅中部到后缘白色，外缘白色区有4个黑斑，亚缘白色区有2个黑斑，中室有1个透明斑。在我国分布于贵州、广西、四川、福建、海南等地。

弄蝶科　Hesperiidae
拍摄地点：贵州省遵义市赤水市葫市镇金沙村
拍摄时间：2000年6月3日

**329**

# 黄室弄蝶
*Potanthus* sp.

　　个体小，翅形较圆钝，黄斑较宽阔，后翅反面中域斑连贯。黄室弄蝶属各种间差异不明显且种内个体变异幅度很大，因此几乎不能靠外观准确地区分各种。在我国分布于华东、华南、西南等地区。

弄蝶科　Hesperiidae
拍摄地点：贵州省遵义市赤水市葫市镇金沙村
拍摄时间：2000年6月3日

**330**

# 直纹稻弄蝶
*Parnara guttata*

　　翅正面黑褐色，前翅具半透明的白色斑纹7～8个，排成半环状；后翅中央有4个半透明斑。翅反面色浅，斑纹同正面。在我国分布于贵州、四川、云南、广西、北京、黑龙江、河北、山东、河南、陕西、甘肃、宁夏、湖北、湖南、江苏、安徽、江西、福建、广东、台湾等地。

弄蝶科　Hesperiidae
拍摄地点：北京市海淀区翠湖湿地
拍摄时间：2006年9月29日

**331**

# 半黄绿弄蝶
*Choaspes hemixanthus*

　　翅黄绿色，翅脉明显，后翅臀角处有橙色斑。与绿弄蝶十分相似，容易误认。多见于林区，飞行迅速，常在地面吸水。在我国分布于西南、华东、华南等地区。

弄蝶科　Hesperiidae
拍摄地点：四川省卧龙国家级自然保护区
拍摄时间：2003年8月24日

# 波蚬蝶
*Zemeros flegyas*

　　翅面棕红色，布有白斑和黑色斑；前后翅外缘波状，翅反面棕色，斑纹与正面相同。在我国分布于华东、华南、西南、中南等地区。

蚬蝶科　Riodinidae
拍摄地点：重庆市酉阳土家族苗族自治县青华林场
拍摄时间：1989年7月16日

# 中华矍眼蝶
*Ypthima chinensis*

　　翅正面褐色，前翅顶端有1个黑色眼斑，中心有2个蓝白色瞳点；后翅臀角有一大一小2个黑色眼斑，中心有1个蓝白色瞳点。前翅反面的眼斑大而明显，具双瞳；后翅反面有眼斑3个。在我国分布于贵州、云南等地。

蛱蝶科　Nymphalidae（眼蝶科　Satyridae）
拍摄地点：贵州省黔东南苗族侗族自治州雷山县
拍摄时间：2005年5月30日

# 矍眼蝶
*Ypthima balda*

　　翅正面茶褐色，前翅顶端有1个黑色眼斑，中心有2个蓝白色瞳点；后翅亚缘可见2个黑色眼斑，中心有1个蓝白色瞳点。前后翅反面密布棕褐色网纹；前翅反面的眼斑大而明显，具双瞳；后翅反面有6枚眼斑，其中有2枚相连的眼斑；低温型后翅反面的眼斑小，有时消失。在我国分布于贵州、四川、西藏、广西、黑龙江、河南、浙江、江西、福建、湖北、湖南、陕西、甘肃、青海、广东、海南、台湾等地。

蛱蝶科　Nymphalidae（眼蝶科　Satyridae）
拍摄地点：贵州省遵义市绥阳县宽阔水国家级自然保护区
拍摄时间：2010年8月17日

# 江畸矍眼蝶
*Ypthima esakii*

　　翅面浅褐色，前翅1个黑色眼斑内有2个青白色瞳点；后翅1个眼斑。前翅反面围绕眼斑有"V"形淡色区；后翅反面有3个眼斑，前缘1个，后角附近2个，其中1个较小，眼斑附近有淡色带。在我国分布于贵州、海南、台湾等地。

蛱蝶科　Nymphalidae（眼蝶科　Satyridae）
拍摄地点：贵州省遵义市绥阳县宽阔水国家级自然保护区
拍摄时间：2010年8月15日

**336**

# 前雾矍眼蝶
*Ypthima praenubila*

　　翅面浅黑褐色，前翅端部有1个眼斑，内有青白色瞳点2个；后翅具1～2个眼斑。翅反面眼斑清晰，前翅端部1个特大；后翅前缘1个稍大，其余3个眼斑排列成1条直线。在我国分布于广西、四川、广东、海南、浙江、福建、台湾等地。

蛱蝶科　Nymphalidae（眼蝶科　Satyridae）
拍摄地点：马来西亚吉隆坡
拍摄时间：2007年6月30日

# 稻眉眼蝶
*Mycalesis gotama*

　　前后翅反面底色较黄，色泽明显较其他眉眼蝶浅，中带白色或淡黄色，较其他种类宽。后翅眼斑列外侧没有清晰的共同外环。最为常见的眉眼蝶，飞行缓慢，常见在灌木间飞行。在我国分布于华东、华南、中南、西南等地区。

蛱蝶科　Nymphalidae（眼蝶科　Satyridae）
拍摄地点：四川省卧龙国家级自然保护区
拍摄时间：2003年8月24日

**338**

# 苎麻珍蝶
*Acraea issoria*

　　翅褐黄色，外缘有褐色的宽带，内嵌有灰白色的斑点，翅上鳞片极稀，有的半透明。前翅窄长，显著长于后翅。雄蝶前翅中室有1条横纹；雌蝶在端纹内外各有1条横纹，后缘还有1个孤立的黑斑。后翅反面外缘三角形列斑内侧有1条红褐色的窄带。在我国分布于贵州、四川、云南、西藏、甘肃、湖北、湖南、浙江、江西、福建、广东、海南、台湾等地。

蛱蝶科　Nymphalidae（珍蝶科　Acraeidae）
拍摄地点：贵州省黔东南苗族侗族自治州雷山县小丹江苗寨
拍摄时间：2005年5月31日

# 钩翅赭蚕蛾
*Mustilia sphingiformis*

　　翅展约23 mm，体长18～20 mm。头部土黄色，复眼大，圆形；触角靠近基部1/3处双栉形，棕色，其余部分单栉形。前翅棕色，翅脉明显，前缘直，至近端部1/4处折向顶角，顶角以钩状水平伸出，外线以外部分深褐色，中室可见1个小黑点。寄主为榕树。在我国分布于云南、贵州、广西等地。

蚕蛾科　Bombycidae
拍摄地点：云南省保山市百花岭
拍摄时间：2016年8月25日

**340**

# 白银瞳尺蛾
## *Tasta argozana*

　　翅展12～13 mm。触角线状；头顶和胸背灰色。前翅中域有1条宽带，上端绕过椭圆形中斑，斑上及周围散布银色鳞片；后翅基部至中部有一大斑，亚外线下半端有一大斑，斑内有一黄圈，中心为黑点。

尺蛾科　Geometridae
拍摄地点：云南省保山市腾冲市大蒿坪
拍摄时间：1992年5月26日

# 枞灰尺蛾
*Deileptenia ribeata*

体色灰白，前、后翅各线暗褐色，很明显，外线与内线间色较白，有微细污点，中室上无翅星。幼虫多食性，为害枞、杉、桦等林木，是森林害虫。在我国分布于贵州、黑龙江等地。

尺蛾科　Geometridae
拍照地点：贵州省遵义市绥阳县宽阔水国家级自然保护区
拍照时间：2010年8月10日

**342**

# 海绿尺蛾
*Pelagodes antiquadraria*

　　前翅长16～18 mm。前翅顶角尖，后翅顶角略凸出，前后翅外缘线光滑，后翅外缘中部极微弱凸出，后缘延长。翅面蓝绿色，散布白色碎纹，线纹纤细。前翅前缘黄色，内线向外倾斜，较直，外线直，几乎与后缘垂直，位于翅中部；缘毛黄白色。在我国分布于云南、重庆、广西、浙江、江西、福建、台湾等地。

尺蛾科　Geometridae
拍摄地点：云南省红河哈尼族彝族自治州屏边苗族自治县大围山
拍摄时间：2013年8月15日

## 肾纹绿尺蛾
*Comibaena procumbaria*

　　前翅后缘外侧具一肾形斑，中间白色、外围粉红色；后翅外缘
上角的肾形斑比较大，也是外围粉红色、中间白色，并在翅脉上显
出2条粉红色斜线。在我国分布于贵州、四川、上海、台湾等地。

尺蛾科　Geometridae
拍摄地点：贵州省遵义市习水县三岔河乡
拍摄时间：2000年5月27日

**344**

## 黄辐射尺蛾
*Iotaphora iridicolor*

　　非常美丽的蛾类，头顶粉黄色，翅淡黄色或黄绿色，有杏黄色斑纹和辐射状蓝黑色线纹，前后翅中室上各有1条黑纹。幼虫取食核桃楸。在我国各地均有分布。

尺蛾科　Geometridae
拍摄地点：云南省保山市腾冲市大蒿坪
拍摄时间：1992年5月26日

# 金星尺蛾
*Abraxas* sp.

　　翅底银白色，斑纹淡灰色；前翅外缘有1行连续的淡灰纹，外线为1行淡灰斑，下端有一大斑，呈红褐色，中线不成行，翅基有一深黄褐色花斑。在我国分布于云南等地。

尺蛾科　Geometridae
拍摄地点：云南省红河哈尼族彝族自治州屏边苗族自治县大围山
拍摄时间：2013年8月15日

**346**

# 巨长翅尺蛾
*Obeidia gigantearia*

　　雄蛾前翅极狭长，顶角凸尖，外缘倾斜；雌蛾前翅略宽，外缘倾斜较少。前后翅前缘和端部黄色，翅基部至外线外侧在中室中部下方，且呈白色。两翅均无内线，外线为1列大斑；碎斑点较密集，在外线几乎连合成片。在我国分布于贵州、四川、云南、湖北、湖南、台湾等地。

尺蛾科　Geometridae
拍摄地点：贵州省遵义市绥阳县宽阔水国家级自然保护区
拍摄时间：2010年8月13日

## 丝棉木金星尺蛾
*Abraxas suspecta*

前翅长18～23 mm。翅污白色，前翅基部和前后翅外线在后缘处的大斑褐色并掺杂黄褐色，其余斑纹灰色；后翅前缘基部和中部各有1枚灰色斑，后者伸达中室上角，外线同前翅。翅反面斑纹同正面，均为灰褐色。寄主有马尾松、杨、柳、槐、柏、水杉、丝棉木、黄连木、马桑、山毛榉、黄杨、板栗、卫矛。在我国分布于东北、华北、华中、西北、西南、华东等地。

尺蛾科　Geometridae
拍摄地点：贵州省遵义市绥阳县宽阔水国家级自然保护区
拍摄时间：2010年8月12日

# 丸尺蛾
*Plutodes flavescens*

　　翅黄绿色，每个翅的外侧均有1个大型红褐色椭圆斑，每个椭圆斑中间为"之"字形线条，椭圆斑由1圈黑色线条和1圈银色线条所包围；4翅基部也为红褐色，同样由黑色和银色线条包围；胸部绝大部分及腹部均为红褐色。在我国分布于云南、广东、香港等地。

尺蛾科　Geometridae
拍摄地点：云南省保山市百花岭
拍摄时间：2016年8月25日

**350**

# 切角菩尺蛾
## *Polynesia truncapex*

　　额中部和头顶前半部黄白色，额上、下缘和头顶后半部橘红色。胸、腹背面大部分黄色，胸部和第一腹节有褐斑。翅浅黄色，前翅前缘色较深，分布大小不均的深灰褐色斑纹；前翅外缘中部和后翅外缘中部各有一个褐色斑。在我国分布于云南、海南等地。

尺蛾科　Geometridae
拍摄地点：云南省保山市隆阳区潞江镇坝湾村
拍摄时间：1992年5月19日

## 玻璃尺蛾
*Krananda semihyalinata*

　　身体焦枯色。前、后翅约有2/3翅面半透明，外缘呈锯齿形；后翅顶角下折成一缺切。在我国分布于四川、贵州、浙江、江西、湖南、福建、海南、台湾等地。

尺蛾科　Geometridae
拍摄地点：海南省五指山
拍摄时间：1997年5月下旬

**352**

# 刺蛾
## Limacodidae

　　成虫体形中等，身体和前翅密生绒毛和厚鳞，大多黄褐色或灰暗色，间有绿色或红色，少数底色洁白具斑纹；雄蛾触角一般为双栉形，前翅短阔。夜间活动，具趋光性。幼虫俗称"痒辣子"，身体生有枝刺和毒毛，人类皮肤触及后会立即产生红肿，感觉异常辣痛。

刺蛾科　Limacodidae
拍摄地点：云南省红河哈尼族彝族自治州金平苗族瑶族傣族自治县
拍摄时间：2013年8月19日

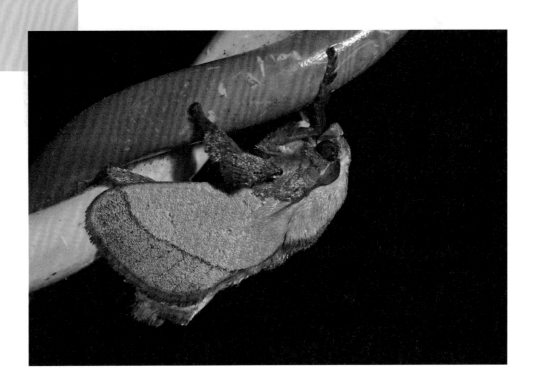

# 冬青大蚕蛾（冬青天蚕蛾）
*Attacus edwardsi*（*Archaeoattacus edwardsii*）

　　翅展约210 mm。体翅棕色，头橘黄色，胸部有较厚的棕色鳞毛，腹部第1节白色，形成1个腰间白环。前翅顶角显著突出，外缘黄色，内侧有斜向排列的黑斑3块，上面2块之间有白色闪电纹；内线及外线为较宽的白色带，外线与亚外缘线间赭红色，中间有白色粉状横带；中室端有长三角形半透明白色斑，斑的周围有黄色边缘，上方的边缘显著宽大。后翅的基部及前缘白色；中室端的三角形较狭窄。寄主为樟、冬青、柳等。在我国分布于云南、西藏等地。

大蚕蛾科（天蚕蛾科）　Saturniidae
拍摄地点：云南省保山市百花岭
拍摄时间：2016年8月25日

**354**

## 黄目大蚕蛾
*Caligula anna*

　　翅展85～95 mm。身体棕紫色；前翅棕褐色布满黄色鳞粉，顶角突出，内侧靠近前缘有黑斑1个，内线粉黄色，弯曲，两侧有黑边，外线双行黑色波状，缘线灰色，在各脉通过处断开，亚外缘线与外缘线间有黄色区域；中室端有大圆斑，外围黑色，中间有小黑圆斑，黑斑正中有一条半透明缝，内侧有条状白纹。后翅斑纹与前翅近似。在我国分布于云南、四川等地。

大蚕蛾科　Saturniidae
拍摄地点：云南省红河哈尼族彝族自治州屏边苗族自治县大围山
拍摄时间：2013年8月15日

# 黄尾大蚕蛾
*Actias heterogyna*

　　翅展80～100 mm，体黄色，尾端有黄色绒毛，前翅黄色，前缘紫红色，间有白色鳞毛，内线及外线有褐色波状纹，中室端有椭圆形眼斑，中间紫褐色，内侧黑色，外侧褐色纹与亚前缘脉连接；后翅后角特别突出，长达30 mm，外缘后部至后角间紫红色；雄蛾有赤色纹1条。在我国分布于云南、海南等地。

大蚕蛾科　Saturniidae
拍摄地点：海南省五指山
拍摄时间：1997年6月上旬

357

# 藤豹大蚕蛾
*Loepa anthera*

　　翅展85～90 mm。体黄色，颈板及前翅前缘灰褐色，内线紫红色，外线呈黑色波状，亚端线双行波状，端线粉黄色不连接，顶角钝圆，内侧有橘红及黑色斑，中室端有1条白色线纹；后翅与前翅斑纹相同。成虫7月间出现，以蛹或卵过冬。寄主为藤科植物。在我国分布于云南、福建等地。

大蚕蛾科　Saturniidae
拍摄地点：云南省保山市腾冲市大蒿坪
拍摄时间：1992年5月26日

# 乌桕大蚕蛾
## *Attacus atlas*

　　是蛾类中最大的种型，翅展可达180～210 mm。体翅赤褐色，前、后翅的内线和外线白色，内线的内侧和外线的外侧有紫红色镶边，及棕褐色线同行，中间杂有粉红及白色鳞毛，中室端部有较大的三角形透明斑，外围有棕褐色轮廓；顶角粉红色，内侧近前缘有半月形黑斑1块，下方土黄色并间有紫红色纵条，黑斑与紫条间有锯齿状白色纹相连；后翅内侧棕黑色，外缘黄褐色并有黑色波纹端线，内侧有黄褐色斑，中间有赤褐色斑。寄主有乌桕、樟、柳、大叶合欢、小檗、甘薯、狗尾草、苹果、冬青、桦木。在我国分布于云南、广西、江西、福建、广东、湖南、台湾等地。

大蚕蛾科　Saturniidae
拍摄地点：云南省保山市隆阳区潞江镇坝湾村
拍摄时间：1992年5月19日

**359**

# 猫目大蚕蛾
*Salassa thespis*

　　为无尾突的大蚕蛾。体翅黄绿色，前翅棕褐色，并散布黄色鳞毛，中室端半部有不规则的大型透明斑。后翅中域眼斑大，极像猫眼，中心暗点内侧部透明，外侧部具有黑斑，眼斑外缘有白斑列。幼虫取食樟、桤木、枫杨等树木。在我国分布于云南、四川、西藏、陕西、湖北、福建等地。

大蚕蛾科　Satumiidae
拍摄地点：云南省保山市腾冲市大蒿坪
拍摄时间：1992年5月25日

**360**

# 钳钩蛾
## *Didymana bidens*

　　翅展12～14 mm。头棕褐色；触角灰褐色，雌雄均丝状，其基部无闪光鳞片。前翅以黑色为主，有紫色光泽，前缘微黄，外线为白色斜带，顶角呈钩状，与外缘呈钩状突构成钳式，所以叫钳钩蛾。在我国分布于云南、广西、四川、陕西、湖北、福建、海南等地。

钩蛾科　Drepanidae
拍摄地点：湖北省恩施土家族苗族自治州鹤峰县国有分水岭林场
拍摄时间：1989年7月30日

# 灰晶钩蛾
*Deroca anemica*

　　翅展15～19 mm，头黄色，头顶有1个黑点，触角黑色，双栉形，体背黑色。翅底斑透明，自翅顶角沿外缘弧形。翅面斑点模糊，中室端无灰色圆圈；后翅中横线、外横线和外缘线灰色钝齿状。在我国分布于贵州、四川、重庆、湖北等地。

钩蛾科　Drepanidae
拍摄地点：贵州省遵义市绥阳县宽阔水国家级自然保护区
拍摄时间：2010年8月12日

# 三线钩蛾
*Pseudalbara parvula*

　　翅展约26 mm。头紫褐色；触角黄褐色。身体较细，背面灰褐色。前翅灰紫色，有3条深褐色斜线纹，中部1条最明显，内侧1条略细，外侧1条细而弯曲；中室端有2个灰白色小点；顶角尖，向外突出，端部有1个灰白色眼状斑。寄主植物为核桃、栎树、化香树等。在我国分布于贵州、四川、重庆、广西、北京、河北、黑龙江、陕西、福建、江西、浙江、湖北、湖南等地。

钩蛾科　Drepanidae
拍摄地点：贵州省遵义市绥阳县宽阔水国家级自然保护区
拍摄时间：2010年8月17日

**364**

# 锚纹蛾
## Callidulidae

    种类很少的中型蛾类，白天活动，形似蛱蝶。翅褐色或棕色，前翅有一锚形纹，但有些种类或成一斜带或没有。

锚纹蛾科　Callidulidae
拍摄地点：贵州省遵义市绥阳县宽阔水国家级自然保护区
拍摄时间：2010年8月10日

# 白斑黑野螟
*Phlyctaenia tyres*

翅展42～46 mm，黑色带紫色光泽。头部黑色两侧白色，触角黑褐色，后方有黑白相混的鳞毛，下唇须除下侧白色以外其余均黑褐色。胸腹部背面有4条黑白纵纹；前翅有2条斜亚基线，内横线为3个白斑，中室以下有珍珠般光亮的斑点，中室外有1个带双齿的白斑，沿齿外缘有1对白斑及3个亚缘斑；后翅中室内外及下侧各有1个珍珠光泽的白斑，翅外缘有6个小白斑。在我国分布于贵州、云南、广东、台湾等地。

螟蛾科　Pyralidae
拍摄地点：贵州省黔东南苗族侗族自治州雷山县
拍摄时间：2005年5月30日

## 白蜡绢野螟
*Diaphania nigropunctalis*

　　翅展28～30 mm，乳白色带闪光。头部白色，额棕黄色，头顶黄褐色，领片及翅基片白色。胸部及腹部皆为白色，翅白色半透明且有光泽，前翅前缘有黄褐色带，中室内靠近上缘有两个小黑点，中室内有新月形黑纹，翅外缘内侧有间断的暗灰色线，缘毛白色；后翅中室端有黑色斜斑纹，亚缘线暗褐色，中室下方有1个黑点，各脉端有黑点，缘毛白色。幼虫为害白蜡树、木樨、女贞、梧桐、丁香、橄榄等。在我国分布于四川、贵州、云南、陕西、江苏、浙江、福建、台湾等地。

螟蛾科　Pyralidae
拍摄地点：贵州省遵义市绥阳县宽阔水国家级自然保护区
拍摄时间：2010年8月10日

**368**

## 赫双点螟
*Orybina hoenei*

　　头部红色，触角淡红褐色，基节后端有1束毛丝。翅桃红色，前翅中室外至外横线内侧有1个三角形金黄色斑纹，该斑内侧灰棕色，斑外侧呈齿状。足淡红色。腹部背面红色，腹面白色。在我国分布于云南、四川、浙江、江西、海南、福建、广东等地。

螟蛾科　Pyralidae
拍摄地点：海南省乐东黎族自治县尖峰岭
拍摄时间：1997年5月下旬

# 桃蛀螟
*Dichocrocis punctiferalis*

　　成虫体长约12 mm，翅展22～25 mm，体、翅黄色。前翅、后翅和体背有黑色斑块。腹部末节被有黑色鳞片，但雌蛾极少。成虫有取食花蜜的习性。寄主主要为桃，还有向日葵、玉米、梨、李子等多种植物。在我国分布于贵州、辽宁、河北、山西、山东、河南、陕西等地。

草螟科　Crambidae
拍摄地点：贵州省遵义市习水县三岔河乡
拍摄时间：2000年5月26日

# 乳白斑灯蛾

*Pericallia galactina*

　　大型灯蛾。头顶白色并有少许红色。胸部有黑色纵带；前翅黄白色，翅脉黑色，后缘区有黑色宽带，从前缘内线处有1条黑带斜向后缘，与翅顶角至后缘的黑带相接，中室外的黑带与翅顶角至后缘的黑带相连；后翅橙黄色，基部染红色，中域有几个黑色小点。腹部背面红色，背面和侧面有黑点列。在我国分布于云南、广西、四川、西藏、湖南、广东等地。

灯蛾科　Arctiidae
拍摄地点：云南省保山市腾冲市大蒿坪
拍摄时间：1992年5月25日

## 八点灰灯蛾
*Creatonotos transiens*

　　前翅浅灰褐色，中室上角和下角各有2个黑点；后翅深灰褐色，其后缘颜色较深。腹部背面橘黄色，有黑点。幼虫为害桑、柑橘等。在我国分布于云南、四川、西藏、广西、贵州、湖北、广东等地。

灯蛾科　Arctiidae
拍摄地点：云南省红河哈尼族彝族自治州金平苗族瑶族傣族自治县
拍摄时间：2013年8月18日

# 大丽灯蛾
*Callimorpha histrio*

　　头、胸、腹橙色，额黑色，颈板黑色、边缘橙色，翅基片黑色，胸部具黑色纵斑，腹部背面具黑色带、侧面及腹面具黑色点列。前翅黑色、有闪光，前缘区有4个黄白色斑点，中室末端有1个橙色斑点，2A脉上方有6枚大小不同的黄白色斑，中室外有3枚斜置的黄白色大斑，翅顶区4个黄白色小斑；后翅橙色，中室中部下方至后缘有1条黑色带，中室端部至外缘具3列黑色斑，翅顶黑色。在我国分布于贵州、四川、重庆、云南、江苏、浙江、福建、江西、湖南、湖北等地。

灯蛾科　Arctiidae
拍摄地点：贵州省遵义市绥阳县宽阔水国家级自然保护区
拍摄时间：2010年8月11日

**373**

# 橙褐华苔蛾
*Agylla rufifrons virago*

　　体长约20 mm，翅展50～57 mm。头、颈板、下唇须橙红色，下唇须第3节褐色，翅基片褐色，内边黄色，腹部橙黄色。前翅黑褐色，前缘和后缘具黄色带，缘毛黄色；后翅橙黄色。前翅反面前缘、外缘及后缘区黄色。在我国分布于贵州、广西、云南、台湾等地。

灯蛾科　Arctiidae
拍摄地点：贵州省黔东南苗族侗族自治州雷山县雷公山莲花坪
拍摄时间：2005年6月2日

## 绿斑金苔蛾
*Chrysorabdia bivitta*

　　中型蛾类。形似灯蛾，但没有单眼，前翅较窄，面额和触角黑色，胸部黄色有黑斑。前翅基有1个黑斑，前缘具黑色前缘宽带，从翅基至翅顶前黑带渐尖，中室基部下方斜向后缘也有1条黑带。在我国分布于云南、四川、贵州、西藏等地。

灯蛾科　Arctiidae
拍摄地点：云南省保山市腾冲市大蒿坪
拍摄时间：1992年5月25日

**375**

# 曲美苔蛾
*Miltochrista flexuosa*

　　小至中型的蛾类，身体较粗壮。色彩较鲜艳，通常为黄色或红色，多具条纹或斑点。在我国分布于贵州、云南、四川等地。

灯蛾科　Arctiidae
拍摄地点：贵州省遵义市绥阳县宽阔水国家级自然保护区
拍摄时间：2010年8月12日

# 土苔蛾
*Eilema* sp.

　　前翅灰黄色，前缘区至中部外色较白，外线处具黑色点，中室末端下方至近后缘处具1枚大块黑色圆斑；雄蛾前翅底色较灰，后翅后缘基部具有一些粗鳞片，前翅中室褶具有一大簇短的鳞片缨。

灯蛾科　Arctiidae
拍摄地点：贵州省遵义市绥阳县宽阔水国家级自然保护区
拍摄时间：2010年8月17日

## 秧雪苔蛾
*Chionaema arama*

　　翅展约47 mm。雌蛾白色；前翅亚基线橙色，不达后缘，内线、外线、亚端线橙色，中室端部具1个黑色点，横脉纹具2个黑色点；后翅端区染黄色；翅反面横脉纹黑色。在我国分布于云南、贵州、西藏等地。

灯蛾科　Arctiidae
拍摄地点：云南省红河哈尼族彝族自治州金平苗族瑶族傣族自治县
拍摄时间：2013年8月18日

**378**

## 一点拟灯蛾
*Asota caricae*

　　前翅基部橙色，散布黑点5个，没有其他复杂斑纹，黄色圆斑在横脉上；后翅中央有3个大斑点。寄主植物为榕、野无花果。在我国分布于云南、广西、广东、台湾等地。

拟灯蛾科　Hypsidae
拍摄地点：云南省保山市百花岭
拍摄时间：2016年8月25日

# 闪光鹿蛾
*Amata hoenei*

　　体长约16 mm；翅展44～54 mm。触角丝状，黑色，端部白色；头部和胸部黑色，有蓝紫色光泽，后胸后方有很窄的黄色条纹，下胸侧面有2块黄色斑；前翅具6个基斑，后翅具2个斑。腹部黑色有光泽，第1节具橙黄色宽带，第2～5节具有宽窄不等的黄色带。在我国分布于贵州、浙江等地。

灯蛾科　Arctiidae（鹿蛾科　Ctenuchidae）
拍摄地点：贵州省黔东南苗族侗族自治州雷山县雷公山
拍摄时间：2005年6月4日

## 伊贝鹿蛾
*Ceryx imaon*

　　翅展24～38 mm，体、翅均黑色。额黄色或白色，触角顶端白色，颈板黄色。胸足跗节有白带、后翅后缘黄色，中室至后缘具有1个透明斑，约占翅面的1/2或稍多，翅顶黑缘宽。腹部基节与第5节有黄带。在我国分布于云南、西藏、福建、广东等地。

灯蛾科　Arctiidae（鹿蛾科　Ctenuchidae）
拍摄地点：云南省德宏傣族景颇族自治州瑞丽市畹町镇
拍摄时间：1992年6月11日

# 红带新鹿蛾
*Caeneressa rubrozonata*

　　翅展24～30 mm。头黑色，翅基片红色或黄色，端部具黑毛、或全为黑色；翅斑透明，大小不一，且有变化；前后翅大部分为透明斑，其余区域黑色。腹部黄色，腹节间有黑色环状绒条。在我国分布于广西、重庆、福建、浙江等地。

灯蛾科　Arctiidae（鹿蛾科　Ctenuchidae）
拍摄地点：广西壮族自治区崇左市
拍摄时间：2014年9月20日

## 川海黑边天蛾
### *Haemorrhagia fuciformis ganssuensis*

　　翅透明，外缘有宽黑边，胸部背面黄褐色，翅框内侧无锯齿纹；后翅与前翅相同，后角部位色泽较淡。取食丁香。在我国分布于四川、湖北、青海等地。

天蛾科　Sphingidae
拍摄地点：湖北省恩施土家族苗族自治州宣恩县晓关侗族乡
拍摄时间：1989年7月31日

# 甘蔗天蛾
## *Leucophlebia lineata*

翅展68～75 mm。头顶白色，颜面枯黄色；胸部背面枯黄色，肩板及两侧污白色；腹部背面枯黄色，两侧粉红色；前翅粉红色，中央至翅基至顶角有1条较宽的淡黄色纵带，下方有1条较宽的淡黄色细纵纹，翅脉黄色，端线棕黄色；后翅橙黄色，缘毛黄色。腹部腹面粉红色。寄主为甘蔗及其他禾本科植物。在我国分布于云南、广西、河北、北京、天津、山东、陕西、浙江、湖南、江西、广东、香港、台湾等地。

天蛾科　Sphingidae
拍摄地点：云南省保山市腾冲市大蒿坪
拍摄时间：1992年5月25日

# 红天蛾
*Pergesa elpenor lewisi*

　　体长35～40 mm，翅展55～70 mm，体、翅以红色为主，有红绿色光泽。头部两侧及背部有2条纵行的红色带。前翅基部黑色，前缘及外横线、亚端线、端线及缘毛均为暗红色，外横线近折角处较细，越向后越粗，中室有1个小白色点；后翅红色靠近基半部呈黑色，缘毛金黄色；前翅反面颜色更鲜艳，并有粉色光泽，前缘色彩偏黄。腹部背线及各节间红色，两侧黄绿色，第1腹节两侧有黑色斑。在我国分布于贵州、云南、四川、吉林、河北、山东、江苏、浙江、江西、湖北、湖南等地。

天蛾科　Sphingidae
拍摄地点：贵州省遵义市绥阳县宽阔水国家级自然保护区
拍摄时间：2010年8月11日

**388**

# 咖啡透翅天蛾
## *Cephonodes hylas*

　　成虫体长22～31 mm，翅展45～57 mm，身体纺锤形。触角墨绿色，基部细瘦，向端部加粗，末端弯成细钩状。胸部背面黄绿色，腹面白色；翅透明，翅脉黑棕色，顶角黑色。腹部背面前端草绿色，中部紫红色，后部杏黄色；各体节间具黑环纹；第5、6腹节两侧生白斑，尾部具黑色毛丛。每年发生2～5代，以蛹在土中越冬。寄主植物为咖啡、栀子等。在我国分布于云南、广西、四川、安徽、江西、湖南、湖北、福建、海南、台湾等地。

天蛾科　Sphingidae
拍摄地点：海南省昌江黎族自治县七叉镇霸王岭
拍摄时间：1997年5月

# 栎鹰翅天蛾
*Oxyambulyx liturata*

　　翅展约130 mm。体翅灰橙褐色，前翅橙灰色，内线部位下方有绿褐色圆斑1个，中、外线波状不明显，亚外缘线褐绿色；后翅橙褐色，有暗褐色横带2条，顶角内散布黑色斑，前缘黄色。腹部背面中央有一褐色纵线，各节后缘有褐色横纹；腹面橙黄色。每年发生一代，以蛹越冬。寄主植物为栎树、核桃。在我国分布于贵州、四川等地。

天蛾科　Sphingidae
拍摄地点：贵州省遵义市习水县三岔河乡
拍摄时间：2000年5月27日

**390**

# 葡萄天蛾
## *Ampelophaga rubiginosa rubiginosa*

　　翅展85～100 mm。体翅茶褐色；体背自前胸至腹部末端有红褐色纵线1条；前翅顶角较突出，各横线都为暗茶褐色，中线较粗而弯曲，外横线较细而呈波纹状，顶角有较宽的三角形斑1块；缘毛色稍红；前、后翅反面红褐色，各横线黄褐色，前翅基半部黑灰色，外缘红褐色。每年发生2代，成虫7—9月间出现，以蛹越冬。寄主植物为葡萄、黄荆。在我国分布于河北、河南、山西、山东、广东等地。

天蛾科　Sphingidae
拍摄地点：云南省红河哈尼族彝族自治州屏边苗族自治县大围山
拍摄时间：2013年8月15日

## 条背天蛾
*Cechenena lineosa*

    翅展约100 mm，体橙灰色。胸部背面灰橙色；前翅自顶角至后缘基部有橙灰色斜纹，前缘部分有黑斑，翅基部位有黑、白色毛丛、中室端有黑点，顶角较尖、黑色；后翅黑色，有灰黄色横带；翅反面橙黄色，外线灰褐色，顶角内侧前缘上有黑斑，各横线灰黑色。寄主植物为凤仙花属、葡萄。在我国分布于云南、四川、台湾等地。

天蛾科　Sphingidae
拍摄地点：云南省保山市腾冲市大蒿坪
拍摄时间：1992年

# 小豆长喙天蛾
*Macroglossum stellatarum*

　　翅展48～50 mm。体翅暗灰褐色；胸部灰褐色，腹面白色；腹部暗灰色，两侧有白色及黑色斑，尾毛棕色扩散呈刷状。前翅内、中2条横线弯曲棕黑色，外线不甚明显，中室上有1个黑色小点，缘毛棕黄色；后翅橙黄色，基部及外缘有暗褐色带；翅的反面暗褐色并有橙色带，基部及后翅后缘黄色。每年发生2代，以成虫过冬。寄主植物为茜草科、小豆、土三七等。在我国分布于四川、河北、河南、陕西、山东、广东等地。

天蛾科　Sphingidae
拍摄地点：北京市门头沟区
拍摄时间：2005年9月16日

# 月天蛾
*Parum porphyria*

　　翅展约50 mm。体翅灰褐色，胸、腹背面色较深；前翅内线较细不明显，为棕色，中线与外线间有一大块褐绿色斑，中室端有一小白星；顶角呈截断状，内侧有赭黑色斑及月牙形白纹，后角内上侧有赭黑色斑1个；后翅灰褐色，后角有1个赭黑色斑；翅反面比正面色淡，自顶角顺外线下伸至后缘呈烟斗形纹。寄主为桑科。在我国分布于云南、四川等地。

天蛾科　Sphingidae
拍摄地点：云南省保山市腾冲市大蒿坪
拍摄时间：1992年5月25日

## 鬼脸天蛾
*Acherontia lachesis*

　　成虫翅展100～120 mm。胸部背面有骷髅形斑纹；前翅黑色，有微小的白色点及黄褐色鳞片间杂，内、外横线由数条不同色调的波状纹组成，后翅杏黄色，有3条宽横带。腹部黄色，各节间有黑色横带，背线青蓝色较宽，第5腹节后盖满整个背面。寄主植物为茄科、豆科、木樨科等。在我国分布于四川、重庆、云南、西藏、广西、广东、海南、河北、山东、陕西、河南、江苏、安徽、湖北、湖南、江西、浙江、福建等地。

天蛾科　Sphingidae
拍摄地点：海南省五指山
拍摄时间：1997年6月上旬

**396**

# 透翅蛾
## Aegeriidae

　　透翅蛾科是鳞翅目中的一个小科，种类很少。体形小到中等；前后翅透明，翅面狭窄，缺少鳞片，外形十分像膜翅目的胡蜂。多数成虫白天活动，尤其在阳光下飞翔。常到花丛间取食花蜜。幼虫蛀食树干、树枝或树根。

透翅蛾科　Aegeriidae
拍摄地点：贵州省遵义市绥阳县宽阔水国家级自然保护区
拍摄时间：2010年8月17日

# 金盏网蛾
*Camptochilus sinuosus*

　　翅展27～28 mm，全身具黄褐色斑并有光泽。前翅有肩弯曲，前缘中部外侧有1个三角形褐色斑，翅基褐色，有4条弧线，中室下方至后缘褐色晕斑，向外渐淡，有若干网纹；后翅基半部褐色，有金黄色花蕊形斑纹，外半部金黄色。头、胸、腹均褐色。在我国分布于贵州、广西、四川、湖北、湖南、江西、福建、海南等地。

网蛾科　Thyrididae
拍摄地点：贵州省黔东南苗族侗族自治州雷山县方祥乡
拍摄时间：2005年6月4日

# 大燕蛾
*Nyctalemon menoetius*

　　翅展98～115 mm。土褐色略灰，前后翅中带较窄，粉白色；前翅外缘较直，前缘无白节纹。在我国分布于云南等地。

燕蛾科　Uraniidae
拍摄地点：海南省五指山
拍摄时间：1997年5月下旬

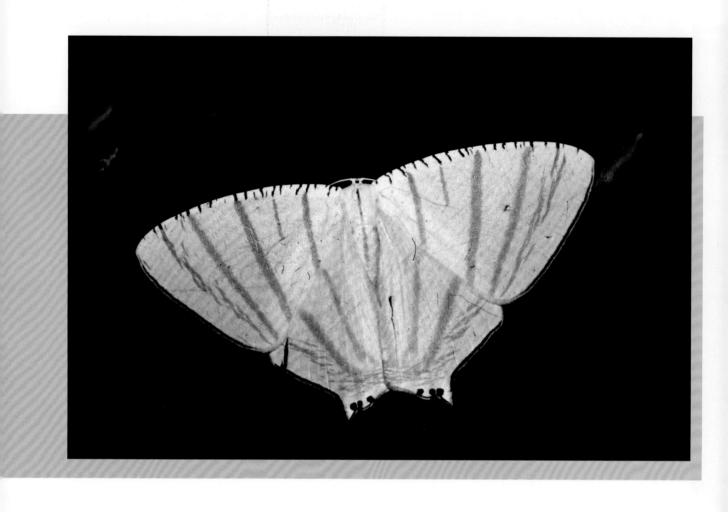

# 三点燕蛾
*Pseudomicronia archilis*

　　翅展约47 mm，粉白色。前翅上有褐色线条，由后缘直达前缘，并分出多支，左右不完全对称，线条可分为6组，外缘一组除边线外，其余多为间断的短斜纹；后翅中带粗，黄褐色，从前缘达尾带基部，前窄后宽，外缘附近有细线纹多行，深褐色，中带两侧有2条褐色带，内带不完整；尾带基部及附近共有3个黑圆点。翅反面白色，微露线纹；头、胸、腹粉白色，腹部微黄。在我国分布于云南、四川、海南、甘肃、青海等地。

燕蛾科　Uraniidae
拍摄地点：海南省乐东黎族自治县尖峰岭
拍摄时间：1997年6月上旬

**400**

# 麻纹毒蛾
*Imaus mundus*

　　翅展80～85 mm，体淡褐色。前足胫节有1个黑斑，前翅基部散布黑点10余枚，中室中有1个椭圆形黑点，横脉内外侧各有1条曲纹，外线及亚端线呈深刻锯齿形及弯月形斑纹；后翅亚端带及外缘点均为暗色。在我国分布于云南等地。

毒蛾科　Lymantriidae
拍摄地点：云南省红河哈尼族彝族自治州屏边苗族自治县大围山
拍摄时间：2013年8月15日

# 折带黄毒蛾
*Euproctis flava*

　　体浅橙黄色。前翅黄色，内线和外线浅黄色，从前缘外斜至中室后缘，折角后内斜，两线间布棕褐色鳞，形成折带，翅顶区有2枚棕褐色圆点，缘毛浅黄色；后翅黄色，基部色浅。在我国分布于贵州、广西、四川、河北、黑龙江、吉林、辽宁、山东、陕西、江苏、安徽、浙江、江西、福建、湖南、湖北、河南、广东等地。

毒蛾科　Lymantriidae
拍摄地点：贵州省黔东南苗族侗族自治州雷山县方祥乡
拍摄时间：2005年6月4日

**402**

# 鹅点足毒蛾
*Redoa anser*

体白色，头部有黑褐色斑，前、中足腿节末端、胫节、跗节内侧基部和末端有黑斑；前、后翅白色，半透明，前翅横脉中央有1个黑褐色点，前翅基部和前缘带棕褐色。在我国分布于贵州、四川、陕西、浙江、江西、湖南、湖北等地。

毒蛾科　Lymantriidae
拍摄地点：贵州省遵义市绥阳县宽阔水国家级自然保护区
拍摄时间：2010年8月13日

# 虎腹敌蛾
*Nossa moori*

　　翅展70～71 mm。头黑色，颈橙黄色，翅基片黑色黄边；胸部黑色，后缘黄色；腹部各节黑黄相间。翅白底微黄，有浅灰色斑，斑纹有变异；前翅中带有时显有时不显，外带也或隐或显，外带外侧在每两脉间有剑纹，外缘黄斑各在两脉间隐约可见；后翅中带有或无，中带上有剑纹，沿外缘灰黑边。在我国分布于云南等地。

敌蛾科　Epiplemidae
拍摄地点：云南省德宏傣族景颇族自治州瑞丽市弄岛镇等嘎村
拍摄时间：1992年6月7日

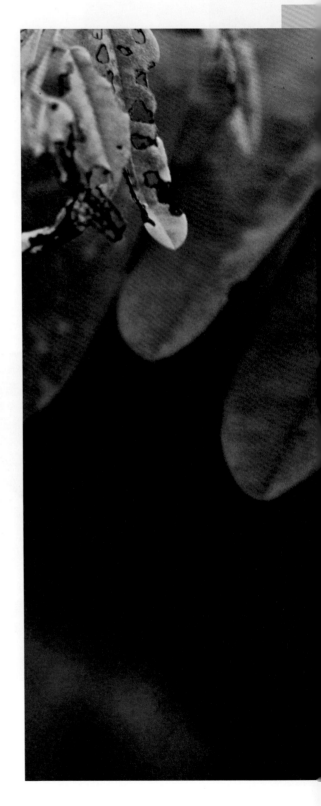

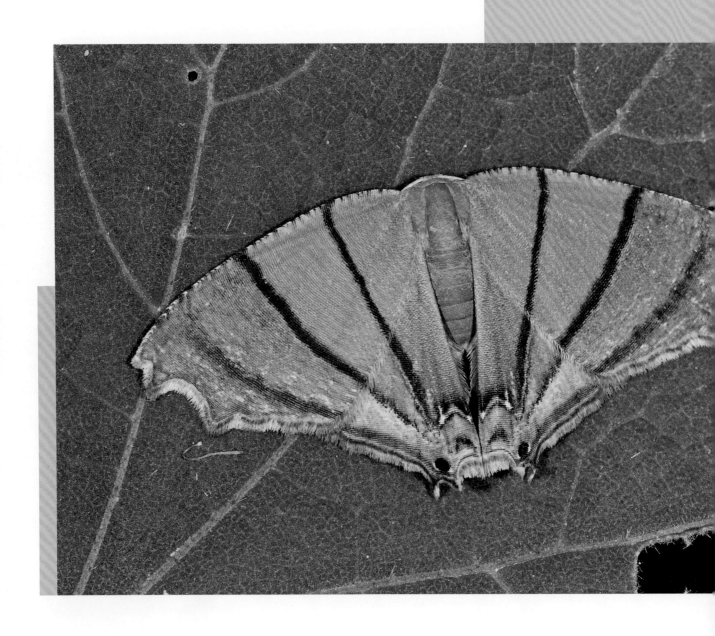

# 灰蝶敌蛾
*Orudiza protheclaria*

　　翅展约28 mm，体灰褐色，头部棕色，腹部末端橙黄色。前翅缘灰蓝色有密集棕纹，中线及内线棕色，外带隐约可见，外缘有3齿；后翅中线弯曲，外缘有2条棕色细线，中下部有2个小尾带，基部橙黄，有1个黑圆点；翅反面灰褐色，线纹不显。在我国分布于云南等地。

敌蛾科　Epiplemidae
拍摄地点：广西壮族自治区百色市那坡县
拍摄时间：2018年4月28日

**406**

# 土敌蛾
## *Epiplema erasaria schidacina*

　　翅展22～23 mm，土褐色。前翅顶角下外缘具2齿，臀角处有1个蓝棕色眼斑，外为钝齿，前翅大部分土褐色，外缘附近棕褐色；后翅满布棕褐色斑纹，有1个锐角形曲线，外缘有3个齿突；翅反面土褐色，有稀疏的棕褐色点。在我国分布于重庆、江苏等地。

敌蛾科　Epiplemidae
拍摄地点：重庆市彭水苗族土家族自治县太原镇
拍摄时间：1989年7月12日

**407**

# 枯球箩纹蛾
*Brahmophthalma wallichii*

　　翅展约154 mm，体黄褐色。前翅中带上部外缘呈齿状凸出，前翅端部的斑纹枯黄色，其中3根翅脉上有许多"人"字形纹；后翅中线曲度较大，翅基部微黄；后翅外缘下只有3个半球形斑，其余呈曲线形。胸部和腹部背面同为黑底黄褐色边线；背中线显著。在我国分布于云南、四川、重庆、湖北、台湾等地。

箩纹蛾科　Brahmaeidae
拍摄地点：云南省德宏傣族景颇族自治州瑞丽市弄岛镇等嘎村
拍摄时间：1992年6月7日

**408**

# 龙眼裳卷蛾
*Cerace stipatana*

翅展40~58 mm。头部白色，触角黑色，有白色环纹；前翅紫黑色，充满许多白色斑点和短条纹，在中间有一条锈红褐色纵斑由基部通向外缘，在接近外缘处扩大呈三角形；后翅基部白色，外缘有黑斑，有时达到臀角。幼虫为害樟树、荔枝、龙眼。在我国分布于华东、西南等地区。

卷蛾科　Tortricidae
拍摄地点：福建省武夷山
拍摄时间：1985年5月28日

410

## 彩虎蛾
*Episteme* sp.

　　中型至大型蛾类。成虫喙发达，下唇须向上
伸，额有突起；触角向端部渐粗。前翅黑色，布有
大大小小的白色斑点；后翅杏黄色，前缘黑色，端
带黑色，内缘波曲，中室横脉处有一黑斑。腹部黄
色，背面有黑色横向条纹。

夜蛾科　Noctuidae（虎蛾科　Agaristidae）
拍摄地点：贵州省铜仁市梵净山
拍摄时间：2002年6月上旬

# 丹日明夜蛾（丹日夜蛾）
## *Chasmina sigillata*

　　体长约15 mm，翅展约39 mm。头部及胸部白色，翅基片基部有1个暗褐色斑；前翅白色，散布褐色细点，亚端区有1个大褐色斑，近似桃形；后翅白色带赭色，端区色较深。腹部灰黄色，基部稍白。在我国分布于四川、黑龙江、陕西、浙江等地。

夜蛾科　Noctuidae
拍摄地点：四川省雅安市宝兴县蜂桶寨国家级自然保护区
拍摄时间：2003年5月

# 胡桃豹夜蛾
## *Sinna extrema*

    翅展32～40 mm。头部及胸部白色，颈板、翅基片及前后胸有橘黄色斑；前翅橘黄色，有许多白色多边形斑，外线为完整曲折白带，顶角一大白斑，中有4个黑色小斑，外缘后半部有3个黑点；后翅白色微带淡褐色。腹部黄白色，背面微带褐色。寄主植物为胡桃和枫杨。在我国分布于云南、四川、重庆、黑龙江、陕西、海南、江苏、浙江、湖北、湖南、江西、福建、海南等地。

夜蛾科 Noctuidae
拍摄地点：云南省保山市百花岭
拍摄时间：2016年8月25日

# 满卜馍夜蛾
*Bomolocha mandarina*

　　体长17～18 mm，翅展31～33 mm。头部及胸部棕黑色；前翅外线以内为1个大棕色斑，外线外斜至5脉后折角直线内斜至1脉，折向内伸至中脉基部，此线以外区域棕灰色，亚端线由黑点组成，顶角有1条内斜黑纹，端线棕色；后翅烟褐色，横脉纹暗褐色；腹部黑棕色。在我国分布于西南、华中等地区。

夜蛾科　Noctuidae
拍摄地点：贵州省黔东南苗族侗族自治州雷山县方祥乡
拍摄时间：2005年6月4日

# 枝夜蛾
*Ramadasa pavo*

翅展36～47 mm。头部及胸部银灰色杂黑色，触角基节上缘黑色，下缘黄色，颈板基部黑色；足黄色；前翅淡红棕色，基部至中线密布蓝灰色与黑色细点，此段前缘脉黄色，有5个黑点，中线黑色外斜，肾纹为一窄长黑色弧形条；后翅黄色。腹部黄色。在我国分布于云南、海南、广东、福建等地。

夜蛾科　Noctuidae
拍摄地点：海南省乐东黎族自治县尖峰岭
拍摄时间：1998年6月下旬

**415**

# 彻夜蛾
*Checupa fertissima*

　　头、胸及前翅均暗绿色，后胸有白斑。前翅密布黑点，翅基有黑纹，基线、内线、中线和外缘均为双线，外线锯齿形，齿尖有黑点，外线有1列黑曲线；后翅暗褐色。在我国分布于西藏、海南等地。

夜蛾科　Noctuidae
拍摄地点：海南省乐东黎族自治县尖峰岭
拍摄时间：1997年5月下旬

# 涟蓖夜蛾
*Episparis tortuosalis*

　　翅展46～48 mm。头部黄褐色，胸部与前翅棕色。前翅灰白且有紫色光泽、前缘区灰黄色、内、外及亚端线白色，环纹为1个黑点，中室外有粉紫色、亚端线为双线，外方有1条较直的白线；后翅棕色带灰白，散布有黑纹。幼虫取食麻楝。在我国分布于云南、广西、广东、海南等地。

夜蛾科　Noctuidae
拍摄地点：云南省保山市隆阳区潞江镇坝湾村
拍摄时间：1992年5月20日

# 鸟羽蛾
*Stenodacma pyrrhodes*

　　翅展约13 mm，体黄色。复眼黄褐色，触角各节具白斑。胸部背板有3片羽毛状的鳞毛；翅端分叉呈羽状，基部有3～4枚白色的斑点，近翅端的外缘有褐色的斑点分布。腹部具腰，腹背板上有2条纵斑。生活于低海拔山区，白天活动。在我国分布于广西、广东、台湾等地。

羽蛾科　Pterophoridae
拍摄地点：广西壮族自治区崇左市
拍摄时间：2014年9月19日

**418**

# 刺槐掌舟蛾
*Phalera grotei*

　　体长29～43 mm，翅展雄62～93 mm，雌89～102 mm。额暗褐色至黑褐色，触角基毛簇和头顶白色。胸部背面暗褐色，中央有2条、后缘有1条黑褐色横线；翅基片灰褐色；前翅暗灰色至灰棕色，顶角斑暗棕色，斑外缘锯齿状；后翅暗褐色，隐约可见1条模糊的浅色外带，脉端缘毛较暗，其余灰褐色。在我国分布于贵州、广西、四川、云南、北京、河北、辽宁、江苏、浙江、安徽、福建、江西、山东、湖北、湖南、广东、海南等地。

舟蛾科　Notodontidae
拍摄地点：贵州省遵义市习水县三岔河乡
拍摄时间：2000年5月26日

# 核桃美舟蛾
*Uropyia meticulodina*

　　体长25～35 mm，翅展45～60 mm。头赭色；胸背暗棕色；前翅暗棕色，前后缘各有1个大的黄褐色斑，前缘的斑纹占满整个中室的前缘区域，呈大刀状，后缘呈椭圆形，每个斑纹内部有4条明显的褐色横线；后翅淡黄色，后缘稍暗。寄主植物为核桃、胡桃、胡桃楸等。在我国分布于贵州、云南、广西、四川、北京、吉林、辽宁、山东、江苏、浙江、江西、福建、湖北、湖南、陕西、甘肃等地。

舟蛾科　Notodontidae
拍摄地点：贵州省铜仁市梵净山
拍摄时间：2002年6月1日

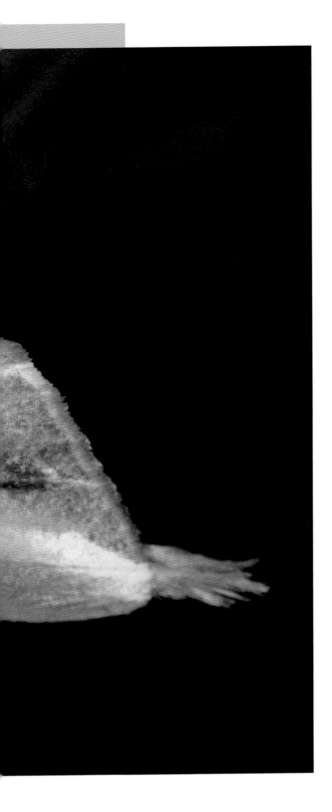

## 玫舟蛾
*Rosama* sp.

　　成虫通常中等大小，少数种类较大或较小。大多数种类呈褐色或暗灰褐色，少数具白色或其他鲜艳色泽。雄蛾触角常为双栉齿形，部分为栉齿形或锯齿形具毛簇，少数为线形或毛丛形。胸部被厚鳞或毛簇。翅形大多与夜蛾相似，少数似天蛾或钩蛾。

舟蛾科　Notodontidae
拍摄地点：贵州省黔东南苗族侗族自治州雷山县雷公山莲花坪
拍摄时间：2005年6月2日

# 珠掌舟蛾
*Phalera parivala*

　　翅展64~76 mm。头和胸背淡黄色，后胸灰褐色，翅基片灰白色有黑边。前翅灰红褐色，基部和近臀角的外缘部分灰白色，顶角斑土黄色，亚基线和亚端线各为双行，均由两侧断断续续的黑点组成。在我国分布于云南、四川、西藏等地。

舟蛾科　Notodontidae
拍摄地点：云南省德宏傣族景颇族自治州瑞丽市弄岛镇等嘎村
拍摄时间：1992年6月7日

**425**

# 丧掌舟蛾
*Phalera sangana*

触角基部毛簇和头顶白色。胸背暗褐色，中央有2条、后缘有1条黑褐色横线。前翅暗灰褐色到灰棕色，顶角斑暗棕色，斑内缘弧形平滑。幼虫取食刺槐。在我国各地均有分布。

舟蛾科　Notodontidae
拍摄地点：云南省保山市隆阳区潞江镇坝湾村
拍摄时间：1992年5月20日

**426**

# 膜翅目
# HYMENOPTERA

# 印度侧异腹胡蜂
*Parapolybia indica indica*

　　雌蜂体长约16 mm。头部略等于胸宽，触角窝之间棕色，略隆起，两复眼内缘黄色，棕色单眼呈倒三角形排列于两复眼顶部之间，上颚黄色，端部4齿黑色。前胸背板棕色，前缘隆起，肩角明显；小盾片深棕色，明显隆起。腹部第1节柄状，近端部处背板隆起，两侧棕色；第2节背板深棕色，第3～6节的背、腹板均呈暗棕色，背板色略深。雄蜂体略小，体长约14 mm；触角比雌蜂多1节，共14节；唇基全部黄色；腹部7节。在我国分布于贵州、四川、云南、江苏、浙江、江西、福建、广东等地。

胡蜂科　Vespidae
拍摄地点：贵州省遵义市绥阳县宽阔水国家级自然保护区
拍摄时间：2010年8月15日

**430**

# 细柄姬蜂

*Leptobatopsis* sp.

　　姬蜂科昆虫种类众多，形态变化甚大，成虫微小至大型。触角长，丝状，多节。足细长，转节2节，胫节有显著的距离，爪强大，有1个爪间突；翅一般大型，偶有无翅或短翅型。腹部多细长，圆筒形，或侧扁，或扁平；产卵管有鞘，长度不等。

姬蜂科　Ichneunmonidae
拍摄地点：贵州省遵义市绥阳县宽阔水国家级自然保护区
拍摄时间：2010年8月13日

# 盾斑蜂
*Crocisa* sp.

　　身体密被绒毛，前翅有3个亚缘室。但本种第1亚缘室和第3亚缘室同大，第2亚缘室最小，小盾片裸露，端缘凹陷。体上生有蓝色毛斑，可与蜜蜂区别。

蜜蜂科　Apidae
拍摄地点：云南省保山市隆阳区潞江镇坝湾村
拍摄时间：1992年5月22日

**432**

# 叶蜂
Tenthredinidae

　　叶蜂科是膜翅目里一个较大的科，已知种类均为植食性。成虫身体较短粗，腹部没有腰。触角线状。前胸背板后缘深深凹入；前翅有短粗的翅痣，前翅翅室的数目常作为分属的特征；前足胫节有2个端距。产卵器扁，锯状。

叶蜂科　Tenthredinidae
拍摄地点：贵州省遵义市绥阳县宽阔水国家级自然保护区
拍摄时间：2010年8月10日

**433**

# 双翅目
# DIPTERA

436

## 大蚊
Tipulidae

　　本科昆虫成虫体小至大型，细长少毛，黄色、褐色、灰色或黑色，少数色彩艳丽。头端部延伸成喙，口器位于喙的末端，较短小；复眼通常明显分开，光裸无毛；无单眼；触角长丝状，有时呈锯齿状或栉状。前胸背板较明显；中胸背板有"V"形的盾间缝；足细长；前翅狭长，基部较窄，脉较多。腹部较长，雄虫端部一般明显膨大，有时背向弯曲；雌虫腹端一般较尖。

大蚊科　Tipulidae
拍摄地点：贵州省遵义市绥阳县宽阔水国家级自然保护区
拍摄时间：2010年8月12日

**437**

# 果蝇
## Drosophilidae

　　成虫体长约3~5mm。体色浅黄棕色。后顶鬃会合。额眶鬃存在，上1对指向外方，下1对指向下方。口鬃明显。复眼多为红色。复眼长轴与体轴垂直。小眼面间被针形刚毛。触角为具芒触角，第3节圆形，触角芒羽状。翅的前缘脉有2处缺刻，亚前缘脉退化，仅达前缘脉的端部缺刻处。成虫和幼虫均喜食腐烂发酵的水果等植物，繁殖能力强。

果蝇科　Drosophilidae
拍摄地点：贵州省遵义市绥阳县宽阔水国家级自然保护区
拍摄时间：2010年8月11日

**438**

# 长足虻
## Dolichopodidae

　　小型种类，体形细长，身体较粗壮，常有金绿色金属光泽。头部多宽于胸，胸部扁平，腹部向后逐渐变窄。成虫和幼虫均以捕食小型昆虫为食。在我国分布较广。

长足虻科　Dolichopodidae
拍摄地点：贵州省遵义市绥阳县宽阔水国家级自然保护区
拍摄时间：2010年8月11日

# 巨型柔寄蝇
*Thelaira macropus*

　　大型寄生蝇类。侧额、侧颜被灰白色或黄白色粉，有丝光，间额黑色。胸部黑色，肩胛、侧片被银灰色或黄白色粉，背面有5条黑丝条；小盾片基缘黑色，其余灰黄色；足长。腹部黄色，背中央有梯形黑纵条。在我国分布于重庆、云南、广西、西藏、吉林、北京、山东、浙江、福建、湖南等地。

寄蝇科　Tachinidae
拍摄地点：重庆市武隆区火炉镇
拍摄时间：1989年7月6日

**440**

# 昆明虻
*Tabanus kunmingensis*

　　中型至大型种，大多数为黑色至灰黑色种。复眼有绒毛，具1～4条带或无带；雄虫复眼上半部小眼面明显大于下半部小眼面或相等。基胛发达，通常呈方形、矩形或直角形。触角第3节背缘具锐角、钝角或直角突起。翅通常透明，少数种类有花斑。后足胫节无端距。腹部通常有花纹。

虻科　Tabanidae
拍摄地点：云南省保山市
拍摄时间：1992年5月18日

# 棕腿斑眼蚜蝇
*Eristalinus arvorum*

　　体中型至大型，大多具金属光泽。头大，半球形，略宽于胸；额微突出；雄虫复眼绝大多数种类合生，雌虫分开，具毛和暗色斑点或纵条纹；颜面具明显中突；触角芒裸。胸部近方形，黑色，有些种类有灰黄色粉被纵条纹。腹部卵形或长椭圆形，有淡色斑纹。我国各地均有分布。

食蚜蝇科　Syrphidae
拍摄地点：广西壮族自治区崇左市
拍摄时间：2014年9月17日

**442**

# 紫翠蝇
*Neomyia gavisa*

　　雄性体长4～5 mm，体暗紫色或紫蓝色。头短，雄性额小于触角宽，触角黑色，侧额上部具明显金属光泽，侧额下部和侧颜上部分别具银白色粉被斑。胸后翅内鬃至多为1根，小盾缘鬃3对，翅侧片具毛，前胸基腹片和腋瓣上肋具毛，后背中鬃1根，无沟前鬃。雄肛尾叶侧缘和下缘较平直，前阳基侧突端部不是很狭长。在我国分布于贵州、四川、广西、云南、湖南、湖北、福建、江西、浙江、陕西、甘肃、江苏、安徽、河南等地。

蝇科　Muscidae
拍摄地点：贵州省遵义市绥阳县宽阔水国家级自然保护区
拍摄时间：2010年8月11日

# 姬蜂虻
*Systropus* sp.

    体形细长，色彩鲜艳，看上去很像某些胡蜂或姬蜂。触角柄节、梗节黄色，有较密的黄色短刺毛，鞭节扁平无毛，黑色。

蜂虻科　Bombyliidae
拍摄地点：贵州省遵义市绥阳县宽阔水国家级自然保护区
拍摄时间：2010年8月13日

# 主要参考资料

【01】彩万志,李虎. 中国昆虫图鉴 [M]. 太原:山西科学技术出版社,2015.

【02】李子忠,杨茂发,金道超. 雷公山景观昆虫 [M]. 贵阳:贵州科技出版社,2007.

【03】张巍巍,李元胜. 中国昆虫生态大图鉴 [M]. 重庆:重庆大学出版社,2011.

【04】中国科学院动物研究所. 中国蛾类图鉴(Ⅲ)[M]. 北京:科学出版社,1982.

【05】戴仁怀,李子忠,金道超. 宽阔水景观昆虫 [M]. 贵阳:贵州科技出版社,2012.

【06】顾茂彬,陈佩珍. 海南岛蝴蝶 [M]. 北京:中国林业出版社,1997.

【07】蒋书楠,蒲富基,华立中. 中国经济昆虫志 第三十五册 [M]. 北京:科学出版社,1985.

【08】康乐,刘春香,刘宪伟. 中国动物志 昆虫纲 第五十七卷 [M]. 北京:科学出版社,2014.

【09】李铁生. 中国经济昆虫志 第三十册 [M]. 北京:科学出版社,1985.

【10】李子忠,金道超. 梵净山景观昆虫 [M]. 贵阳:贵州科技出版社,2006.

【11】林美英. 常见天牛野外识别手册 [M]. 重庆:重庆大学出版社,2015.

【12】谭娟杰,虞佩玉,李鸿兴,等. 中国经济昆虫志 第十八册 [M]. 北京:科学出版社,1980.

【13】中国科学院动物研究所. 中国蛾类图鉴(Ⅰ)[M]. 北京:科学出版社,1981.

【14】王遵明. 中国经济昆虫志 第二十六册 [M]. 北京:科学出版社,1983.

【15】萧采瑜,任树芝,郑乐怡,等. 中国蝽类昆虫鉴定手册 第二册 [M]. 北京:科学出版社,1981.

【16】杨星科,刘思孔,崔俊芝. 身边的昆虫 [M]. 北京:中国林业出版社,2005.

【17】虞国跃. 台湾瓢虫图鉴 [M]. 北京:化学工业出版社,2011.

【18】章士美等. 中国经济昆虫志 第三十一册 [M]. 北京:科学出版社,1985.

【19】周尧,路进生,黄桔,等. 中国经济昆虫志 第三十六册 [M]. 北京:科学出版社,1985.

【20】中国科学院动物研究所. 中国蛾类图鉴(Ⅳ)[M]. 北京:科学出版社,1983:2811-2935.

# 中文名索引

**449**

**453**

# 拉丁学名索引

# 后 记

  本卷图谱以原色照片为主，共收录介绍了分布在我国西南地区西藏、云南、四川、重庆、贵州、广西6省（直辖市、自治区）近700种昆虫（上、下两卷）及其生态照片数百幅。物种介绍包括物种分类地位，如所属目、科、属和种的中文名和拉丁名，保护状况、体形或大小、主要形态识别特征、主要生物学或生态习性，地理分布，以及生态照片的拍摄地点和拍摄时间等。书后附有主要参考资料、物种学名索引。

  本卷编写的主要参考书目为P. J. Gullan和 P. S. Cranston原著，彩万志等翻译的《昆虫学概论（第3版）》（*The Insects: An Outline of Entomology*），在昆虫分类系统和物种分类地位方面主要参考了彩万志、李虎编著的《中国昆虫图鉴》，以及多篇近年来发表的相关科学文献。

  本卷物种标注的国内外保护或濒危等级的依据和具体含义如下：

  1. 中国保护等级依据国务院1988年批准，林业部和农业部1989年发布施行的《国家重点保护野生动物名录》及其2003年的修订内容，并结合近年来物种研究进展进行了物种名称的修订。

  2. 本书物种濒危状况的全球评估等级引自世界自然保护联盟（IUCN）发布的"受威胁物种红色名录"（Red List of Threatened Species, Ver. 2019）。由于此名录目前仅对少数昆虫进行了评估，因而本卷所涉及的物种仅有少数被评为无危，其余均为未评估。无危（LC）的具体含义为：当某一物种评估为未达到极危、濒危、易危或近危标准，则该种为"无危"，广泛分布和个体数量多的物种都属于该等级。

3. 物种在濒危野生动植物种国际贸易公约所属附录的情况，引自中华人民共和国濒危物种进出口管理办公室、中华人民共和国濒危物种科学委员会2016年编印的《濒危野生动植物种国际贸易公约附录I、附录II和附录III》，本卷仅有个别物种被列入附录II，其具体含义为：为目前虽未濒临灭绝，但如对其贸易不严加管理，就可能变成有灭绝危险的物种。

本书中有些物种拍摄于现有文献没有记录到的地区，还有些物种目前尚不了解其分布区域范围。在物种介绍中列出的照片拍摄地点和时间可以起到资料补充和佐证的作用。还有一些物种拍摄于本区域之外，但依据文献记载本区域有分布，也予以了收录。

在编写过程中，笔者的感受正如《昆虫展望》作者Michael D. Atkins在该书序言中所说："在执行计划的过程中，许多人对我进行了帮助和鼓励，应对他们表示感谢；还得感谢全体昆虫学家，他们作出的基本发现构成了任何一部昆虫书的基础。"由于昆虫类群和种类都非常多，每个类群都有各自不同的专业术语，为了避免出现常识性失误，编者在物种介绍部分参考或引用了多部专著中的物种形态描述术语，这些专著和作者已在"主要参考资料"中列出，在此特向各位专家学者致以诚挚的感谢和敬意。感谢总主编朱建国先生给予的大力支持；感谢北京出版集团的刘可先生、杨晓瑞女士、王斐女士和曹昌硕先生等对本书从创意到编辑出版所付出的辛勤劳动。

贾国庆

2019年9月于北京